JN145844

車いす犬ラッキー

捨てられた命と生きる

The Story of Lucky the Wheelchair Dog

小林照幸
Kobayashi Teruyuki

毎日新聞出版

目次

第1章　車いすの犬　5
第2章　寅の物語　50
第3章　家族　83
第4章　生と死のはざま　104
第5章　帰郷　153
第6章　走れ！　ラッキー　181
あとがき　226

装幀　黒岩二三［Fomalhaut］
写真　カバー写真、本文中の左記以外は著者
第2章、第3章　島田須尚
第4章　島田あずさ
第5章　島田須尚　島田小夜子（161ページ）
第6章　島田須尚（183、189ページ）

車いす犬ラッキー　捨てられた命と生きる

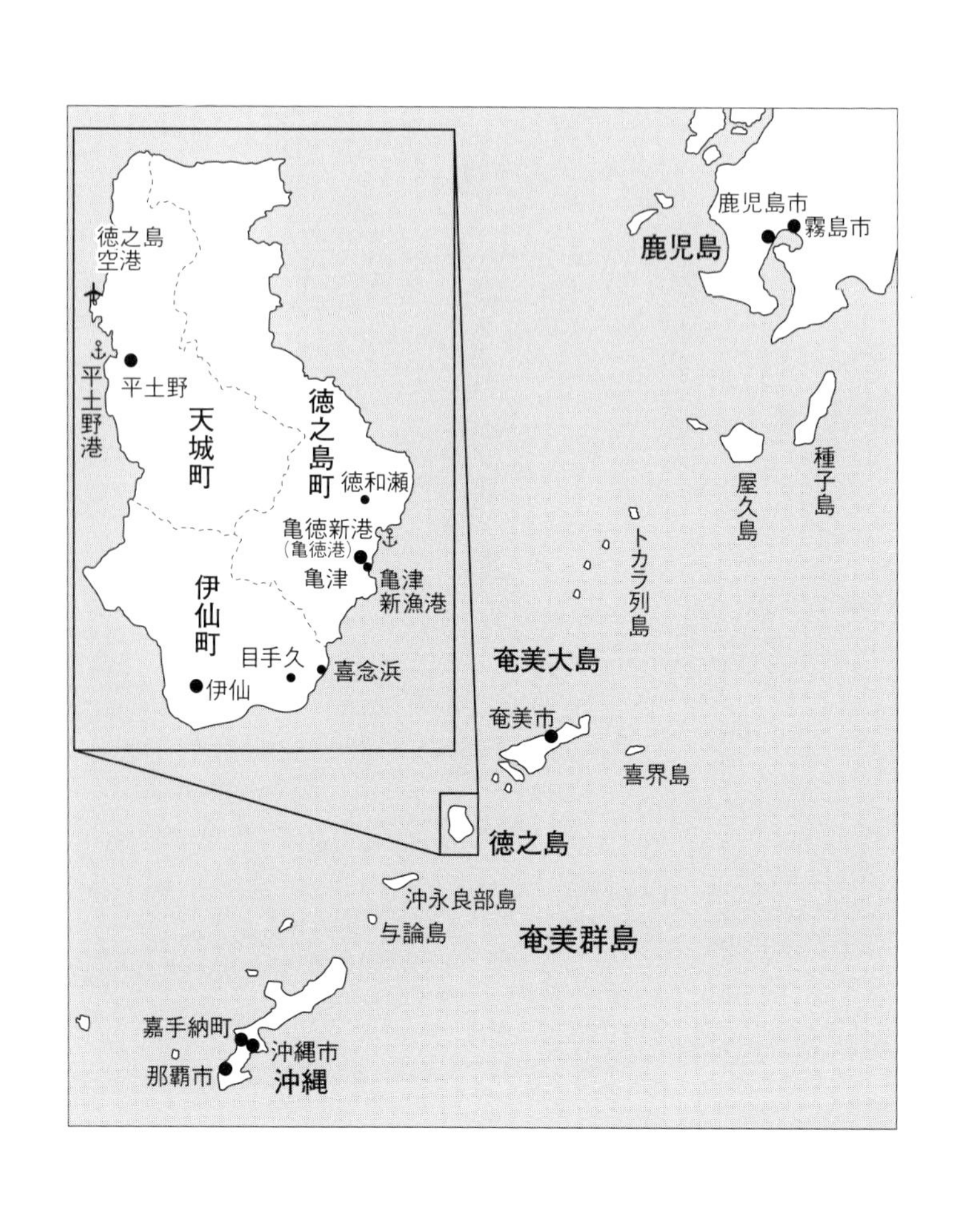
鹿児島市
霧島市
鹿児島
屋久島
種子島
トカラ列島
奄美大島
奄美市
喜界島
徳之島
沖永良部島
与論島
奄美群島
嘉手納町
沖縄市
那覇市
沖縄
徳之島空港
平土野
平土野港
天城町
徳之島町
徳和瀬
亀徳新港
(亀徳港)
亀津
亀津新漁港
伊仙町
目手久
喜念浜
伊仙

第1章　車いすの犬

1

「ラッキー、さあ、行くよ！」

60半ば過ぎの男性が、赤みがかった茶色の中型犬のオス犬を両手で抱え上げて、軽トラックの荷台に乗せた。

軽トラックが走り出すと、ラッキーと呼ばれた犬は、移りゆく風景や風の心地よさが大好きなのか、荷台の上をうれしそうに動き回る。

2016（平成28）年10月中旬のある日、時刻は午前7時少し前。

ここは、鹿児島県は奄美（あまみ）群島の徳之島（とくのしま）である。南の島だけに朝でも20度を超える温かさで、半袖でも十分だ。

車は2分ほど走り、太平洋からの潮風を防ぐモクマオウの防風林が植えられた海沿いの道に入る。つんざくようなセミの鳴き声に包まれた。

広々とした亀津新漁港に軽トラックは停まった。犬は再び両手で抱えられて、荷台から降ろされる。

ラッキーは、11月で4歳を迎えるオス犬である。犬種はミックス、つまり雑種だ。

この亀津新漁港にラッキーは毎朝、毎夕、散歩に連れて来られる。

いつものようにラッキーは、男性の後を少し追いかけてから、自分のペースで散歩を始めた。はじめはゆっくり歩くペース、だんだん喜んで走り回る。

体重は約13キロ、首回りは約37センチのラッキーの後ろ足は地面には着いていない。宙に浮いている。なぜ、前に進めるのか？　前足を交互に踏み出すと、ラッキーの体を支えるかたちでつけられている2つのタイヤも同時に動き出すからだ。

ラッキーは車いすの犬である。

犬用の車いすを取り付けられた犬、と言った方が適切かもしれない。男性は車いすを装着したまま、犬を抱え上げていたのである。

車いすの骨格となるネイビー（濃紺色）のフレームは、鉄やアルミの金属ではなく、軽量のプラスチックの一種であるポリ塩化ビニルだ。首の背部、胴部、背中は柔らかい発泡ゴムのパッドで包まれたフレームに接している。首の喉側のやや下の部分は赤いベルトで窮屈でないよう固定され、2本の後ろ足の太ももはそれぞれ発泡ゴムのリングに置いてから、膝から下を輪

車いすの犬のラッキーを軽トラックの荷台に載せる島田須尚

荷台の上のラッキー

状のベルトに通して吊り上げるかたちになっている。

左折、右折も楽々できる。タイヤ自体は直径30センチ、強化プラスチック製のタイヤのホイールは直径23センチで、スムーズに回転する。

小回りが抜群なのは、左右のタイヤが別々に回転する仕組みだからだ。

坂道の上り下りも軽快。後ろ足こそ動かなくとも前足は力強く踏み出せるので、苦もなく車いすを引っ張れる。

タイヤが石や障がい物に当たり、前進が思わしくないときは、タイヤの力を借りて50センチほど後退し、方向を切り替えて再び前進する。

段差のある場所を上る場合は、正面からではなく、斜めから横切って乗り上げる。

ラッキーの後ろ足は、まったく動かないわけではない。前足を踏み出すと、ベルトで吊り上げた後ろ足は、地面を蹴るような動きも見せる。

ラッキーの体は、２本の前足と二つのタイヤに支えられて、動けるようになっているのだ。

障がい者のスポーツ競技には、車いすバスケットボール、車いすテニスなどがある。パラリンピックでは前記の２種に加えて、車いすフェンシング、車いすマラソン、ウィルチェアーラグビーなどが公式種目となっている。

スピードと躍動感が溢れるパフォーマンスを支えるのは、選手の技量とともに、２本のタイヤがカタカナの「ハ」の字のように広がり、小回りが利く車いすにある。

ラッキーが自由に動けるのも、走行するとき、「ハ」の字のように広がるタイヤが、安定感をもたらしているからなのだ。

犬は自由に走り、動き回るのが大好きな動物である。毎日の散歩が欠かせないのは、カロリー消費に伴う体調管理の面だけでなく、「走りたい」「動きたい」という本能の欲求を満たしてあげるためである。

車いすはラッキーの本能を支えているが、もちろん、ラッキー自身が着脱できるわけではなく、介護する者がいてこそ可能になる。

ラッキーを介護するのは、飼い主である島田須尚（しまだすなお）。

須尚との、亀津新漁港での朝夕の散歩がラッキーの日課なのだ。

2

ラッキーの暮らす徳之島は、サンゴ礁の海に浮かぶ南の島である。

徳之島は徳之島町（ちょう）、天城町（あまぎちょう）、伊仙町（いせんちょう）の3町からなり、人口は約2万6000人。周囲は約84キロで、島の東半分が太平洋、西半分が東シナ海に囲まれている。

鹿児島市の南南西約492キロメートルの洋上にある徳之島は、奄美大島（加計呂麻島（かけろまじま）、請島（うけじま）、与路島（よろじま）を含む）、喜界島（きかいじま）、沖永良部島（おきのえらぶじま）、与論島（よろんじま）とともに奄美群島のひとつだ。

奄美大島と沖永良部島の間に位置して、奄美群島のほぼ中央になる南北にやや細長い島の徳之島は、鹿児島空港から約60分。フェリーでは徳之島の亀徳新港まで鹿児島市の鹿児島新港からは約14時間半、沖縄県の那覇港からは約9時間半である。

四季を通じて温暖で降水量の多い亜熱帯気候だ。年間平均気温は21度と、全国平均の14度を大きく上回る。

この温暖な気候を生かして、農業はサトウキビを筆頭にマンゴーやタンカン（ポンカンとネーブルオレンジの自然交配種）、バナナ、パッションフルーツ、パパイヤ、ドラゴンフルーツなどの亜熱帯性の作物も栽培されている。

ブナ科やクスノキ科の常緑樹の亜熱帯照葉樹林が広がり、国の特別天然記念物で〝生きた化石〟と呼ばれるアマミノクロウサギをはじめ、希少な動植物が多く生息する徳之島と、奄美大島（加計呂麻島、請島、与路島を含む）及びヤンバルクイナやノグチゲラなどが棲息する沖縄本島北部のやんばる地域、イリオモテヤマネコなどが生息する西表島は、２０１３（平成25）年に「奄美・琉球」（鹿児島・沖縄両県）として国連教育科学文化機関（ユネスコ）の世界自然遺産登録の候補地に選ばれた。

屋久島（鹿児島県）、白神山地（青森・秋田両県）、知床（北海道）、小笠原諸島（東京都）に続く国内5カ所目の世界自然遺産として、２０１８（平成30）年の夏にも「奄美・琉球」の登録が決まるのでは、と考えられている。

世界自然遺産の登録を目指して、国や鹿児島県、徳之島と奄美大島の市町村は、自然保護活動、地域住民へのゴミの不法投棄禁止の啓もう活動など様々な取り組みを行っている。

徳之島の名物は数多い。高級絹織物の大島紬、島唄、サトウキビから作られる黒砂糖を使った菓子や黒糖焼酎、世界的な猛毒蛇で大きなものでは2メートルを超えるハブ、400年余の歴史を誇る伝統生活文化の闘牛――。

闘牛大会は徳之島最大のイベントである。現在、年に20回前後の闘牛大会が開催され、各大会には3000人以上の老若男女が駆けつける。全天候型のドーム闘牛場もある。

闘牛は、勢子（せこ）が牛を直径約20メートルのリングの中央で、牛の頭を互いに合わせて始まる。研がれた角による掛け、突き、懐への飛び込みなど体躯を生かした技の応酬が、溢れる重量感とスピードのもと繰り広げられる。

どちらかの牛が尻を向けて逃げる、態勢の立て直しが無理と判断されれば勝敗が決する。対戦時間が1分足らずもあれば、30分を超える長期戦もある。

個人の牛主が多いが、有志や企業、店舗、本土在住の出身者も少なくない。去勢されない牛は闘牛専門で、家族の一員として手厚く育てられる。島の人々にとって、強い牛を持つことは憧れであり、一家一族の栄誉であり、企業や店舗には多大な宣伝効果がある。

ゆえにワキャ牛（愛牛）の勝利への喜びは大きい。牛の名の入った揃いのハッピやTシャツ姿の応援団がリングになだれ込み、牛を囲んで島太鼓やラッパによる自前の奏でに乗り、「ワイド！　ワイド！（わっしょい、万歳などの意味）」の勝ちどきを上げ、手舞い足舞いし、全身で喜びを爆発させる。

徳之島は、80歳、90歳を超えても農作業をする元気な高齢者も多い長寿の島だ。１１０歳を超える長寿世界一の記録保持者を２人（泉重千代、本郷かまと）輩出したことは知られている。

また、子宝の島でもある。徳之島空港の愛称公募で選ばれたのは「徳之島子宝空港」。理由は統計の数値に基づく。

女性が一生に産む子どもの数の推計値は合計特殊出生率と呼ばれ、５年単位で数値が発表される。全国平均が１・31だった２００３（平成15）年から２００７（平成19）年は伊仙町が２・42、天城町と徳之島町が共に２・18で全国上位３傑を独占した。２００８（平成20）年から２０１２（平成24）年の統計では伊仙町が２・81で２期連続の全国１位、徳之島町は２・18の同５位、天城町が２・12の同10位だった。

進学や就職で島を離れた男子が、闘牛の牛の飼育したさに徳之島に戻る傾向は昔から高く、農畜併営と高出生率に寄与してきたのではないか、と考えられている。

徳之島最大の繁華街は、徳之島町の亀津。亀津には徳之島町の人口の半分が暮らし、飲食店や商店が集中する。ラッキーの暮らす家も亀津にある。

亀津新漁港は、鹿児島方面からの下り、沖縄からの上りのフェリーが寄港する亀徳(かめとく)新港から車では２分ほどの場所で、地元では亀津漁港、亀津の船だまり（漁船が停泊している所）とも

闘牛場の風景。上は伊仙町目手久の「徳之島なくさみ館」

呼ばれている。

多くの漁船が出入港し、停泊する亀津新漁港は、１９７６（昭和51）年より埋め立て工事が始まり、２０００（平成12）年に防波堤が完成した。

敷地面積は1万４７９４平方メートル。畳の枚数に換算すれば、８９５０枚（2枚分の坪単位では４４７5坪）の広さ。敷地内の舗装は段階的に行われ、一部は今も路地である。

亀津新漁港は、観光客、ビジネス客の宿泊するホテルの裏手にあり、朝夕は漁港を散策する宿泊客も多い。早起きをすれば、太平洋から昇る朝日を楽しめる。

岸壁（船が接岸する場所）に沿って歩くだけでも３００メートルはある広さで、地元の者も朝夕にウォーキングを楽しみ、犬を散歩させたりしている。

3

犬を散歩させるとき、飼い主が首輪に付けたリードを持つのは原則だが、ラッキーは車いすの犬であるから、リードを付けての散歩は難しい。

車いすのラッキーを助手席に乗せることはスペース的にできない。軽トラックを須尚が持っていたのは好都合だった。

ラッキーを散歩させているあいだ、須尚は漁港内に散乱する酒やジュースの空き缶、ペットボトル、弁当類などのプラスチック、菓子の袋など様々なゴミをトングで挟み、大きめのレジ袋に拾い集めていく。

この〝環境美化運動〟とも言えるゴミの収集は、誰かから依頼を受けたわけではない。まったくのボランティアなのだ。ボランティアとラッキーの散歩を兼ねて、須尚は朝方と夕方、ここで時間を過ごすのである。

須尚は２０１４（平成26）年の４月１日から２０１６（平成28）年６月末までの２年余、徳之島町の総合運動公園の指定管理者を委託されていた。

毎朝６時半から約２時間、台風が接近して風雨が強い日を除いては１日の休みもなく、運動公園内のゴミ収集やトイレ掃除をし、ラッキーも須尚の後ろをついてきた。

須尚は、運動公園の仕事を退いた翌日の７月１日から、亀津新漁港に通い始めた。ボランティアは、運動公園での仕事の経験もあるからこそだが、

（ラッキーを散歩させて、自分がただラッキーに付き添っているだけでは退屈だ）

と思ったからである。

以前は、走り回るラッキーにデジタルカメラを向けたりしたものだが、ボランティアをしているとそんな余裕はない。それでも、須尚は、

（広い敷地を一通り歩けるから、健康維持にはもってこい。ラッキーも自由に散歩してくれる。お互いに有意義な時間だ）

と充実感がある。徳之島に生まれ、徳之島に住む生粋の島人（シマンチュ）として、（世界自然遺産への登録を目指しているのに、ゴミがいつも捨てられているのは情けない限りだ。朝方にゴミを集めても、夕方にはまたゴミがある。夕方にゴミを集めても、夜、酒を飲んだり、弁当を食べたり、釣りをする人がそのままゴミを置いていく。徳之島に観光やビジネスで来られている方々に、そんな光景はやっぱり見せたくはない）

と、愛着と使命感を強く抱く。

夕刻、釣り人とも須尚はすっかり顔なじみだ。ラッキーは須尚と一緒に海を見つめ、30センチ前後の魚が頻繁に釣り上げられる様子も眺めてきたのである。

漁港で作業をする者がラッキーを見て驚く姿も見られる。

ボランティアを始めたばかりの7月には放置自転車の多さが気になり、須尚は軽トラックで、ゴミ処理場に運び、自費で処分した。

亀津新漁港には、大しけに備えて、漁船を陸揚げするための船だまりが、陸に向かって緩やかな傾斜で造られている。

9月には、台風の接近に伴って流木が船だまりに流れ着き、須尚はそれらを一カ所に集め、数日後、放置自転車と同じように処分した。

亀津新漁港は、徳之島町が管理する公共施設である。徳之島町の職員が定期的に清掃作業をするべきだが、須尚は、こう思っていた。

ある夕方、須尚を見つめる亀津新漁港でのラッキー

亀津新漁港の岸壁でたたずむラッキー

（多少の費用はかかってでも、自分でやってしまった方が手っ取り早い。自分にとってもラッキーにとっても、ここで朝夕を過ごすのは大切な時間だから）

車いすのフレームの後部には、直径４・５センチの大きめの鈴が付けられている。ラッキーが歩を進めるたびに軽快に響く。須尚は、その鈴の音でラッキーが自分からどれぐらい離れているのか、を把握する。

しかし、ラッキーにも自分のペースがあり、須尚から離れて、亀津新漁港のゲートを出て、防風林を散策したりもしている。

（どこに行ったかな？）

須尚がこう思い、

「ラッキー！」

と呼ぶと、しばらくして、ラッキーがゲートに姿を現し、鈴の音を響かせて駆け寄ってくる。

「おはようございます。毎朝、ご苦労様です」

通りがかる者が須尚にあいさつをする。中には、

「ラッキー、おはよう」

と声を掛ける者もいる。

徳之島では須尚はちょっとした有名人だ。

「あの島田さんが車いすの犬を飼っている」

と知っている人も多く、ラッキーの名前も浸透している。

ラッキーにしても、「この人は犬好きかどうか？」を見抜く力を持っているようだ。犬好きには自分から積極的に駆け寄り、ウォーキングに少し伴走もする。

犬の嗅覚は人間の嗅覚の１００万倍、と言われている。自分を好きか嫌いか、嗅ぎ分ける能力があるのだろうか。初対面でも、ラッキーは首の下をなでられたりするのも大好きだ。人なつこい犬なのである。

ラッキーは喜びを表現するとき、優しい表情となり、喉を鳴らすが、公共の施設では吠えることも、唸ることもしない。

元気よく走るラッキーの姿は須尚にとって微笑ましくもあるが、

（ごめんな、ラッキー。自分の不注意でひどい目に遭わせてしまった）

心の中でわびてもいる。

交通事故のため自力歩行ができなくなり、車いすによる介護が必要な障がいを持つ犬となったことへの負い目である。

元気いっぱいのラッキーが交通事故に遭ったのは、飼い始めて10カ月が過ぎた２０１３（平成25）年11月3日の日曜日の夕方だった。犬猫の獣医もいなかった徳之島で、須尚は「どうしたらいいのか？」と悩みに悩んだのだった。

4

犬や猫の寿命は、およそ15年から16年と言われている。種類、大きさにもよるが、獣医学では「犬猫の生後1カ月は人間の1歳、生後6カ月は9歳、生後1年は17歳、1年半で20歳、3年で28歳、5年で36歳、10年で56歳、15年で76歳、16年で80歳、17年で84歳」に相当するとされている。

飼い主が、「昨日は散歩に連れて行かなかった。面倒くさくて取りやめた」「雨が降ったから昨日は散歩しなかったなあ」として、犬の散歩に連れ出したとすれば、犬にとっては1週間ぶりの散歩のような気持ちになっている、と推測する獣医師もいる。

中型犬で4歳を前にしたラッキーは、人間に換算すれば32歳ぐらいか。

（自分にとって、ラッキーは人生最後の犬になるだろう。看取るまでは、なんとしても自分ががんばらなければ。それが飼い主の責任だ）

須尚はラッキーが元気よく走る姿を見るたび、自身の健康にも気を配らねばと思う。

酒は飲まず、タバコも吸わず、大病もせず、健康を自負してきた須尚だが、２０１６（平成28）年の2月から3月には1カ月間の入院生活を送った。

入院前、１６６センチで68キロあった体重は、退院直後56キロにまで落ちたが、朝夕のボランティアを始めて3カ月が経過した10月時点では60キロまで戻った。

退院し、ラッキーと過ごす生活に戻ってみると、ラッキーの首輪が窮屈になっていることに気づいた。とりあえず、首輪に新たに穴を空けて対処した。首回りは37センチと、4センチ大きくなっていた。

（食欲旺盛だし、健康そのものだな。ちょっと肥えたか）

ラッキーがたくましい姿になっていくのをうれしく思う。

須尚は亀津新漁港内で軽トラックを移動させては停車し、こまめにゴミを拾い集めていく。幅50センチ、深さ50センチほどの溝の中のゴミも集める。須尚の体に汗がにじんでくる。

約1時間かけて、一通りゴミを拾い集めると、ラッキーも心得ており、須尚の足元に戻ってくる。軽トラックの荷台は地面から90センチ。須尚は荷台の蝶つがいを2つ外し、開閉可能のアオリと呼ばれる部分を下げる。アオリの高さは28センチだ。須尚は、車いすのままラッキーを抱えて荷台に乗せる。

（交通事故に遭う前、ラッキーはアオリを閉めたままの荷台にも自由に飛び乗り、飛び降りてもいた。あのとき、リードをしておくべきだった）

須尚は、事故の日を一瞬、思い出す。

荷台には集められたゴミの他、ゴミ拾い用のトング、ガムテープが置かれている。

朝と夕、ラッキーを荷台の上に座らせ、ダニが付着していないか、全身をくまなくチェックするのだ。

亀津新漁港の路地には草が生い茂り、コンクリートの地面の隙間からも草が伸びている。ラッキーは草むらに顔と足を突っ込み、さかんに匂いを嗅ぐ仕草をする。そのとき、草や地表のダニがラッキーに付着するようだった。

ダニは、犬にとって危険な感染症である犬バベシア症を媒介する。バベシア原虫に感染しているダニに吸血されると、その際、唾液と一緒にバベシア原虫が犬の体内に侵入して赤血球内に寄生し、やがて血液を破壊する。貧血、発熱、食欲不振と元気がなくなり、死に至る症例も報告されており、油断はできない。

首輪や体と接触している車いすのフレームやベルトも外し、足の裏も含めて、一分の隙も見逃さないぞという注意力で、目と指先を使ってダニがいないか、須尚は確かめていく。ダニを見つけたら指先で取り、ガムテープに貼り付けてつぶす。

チェックはその時々で時間がかかり、ダニが多ければ時間もかかり、10匹もいれば、30分近くにもなる。こまめなチェックで、吸血して小豆ほどの大きさになって皮膚に食いついたまま離れない状態のダニはこれまでに1匹も見られなかった。

ダニ取りが終わると、須尚は声を掛ける。

「さあ、ラッキー、お家（うち）に帰ろうね」

5

亀津新漁港からの帰路。都会とは違い、渋滞はないが、それでも出勤する車が多く走っている。漁港からおよそ2分、

「あなたの街のあなたのお店　島田電器　営業時間8：00〜20：00」

と書かれたシャッターの前で、軽トラックを停めた。

そして、車いすのラッキーを抱えて地面に降ろす。

夕方に再び漁港に行くまで、須尚は昼を挟み、電器屋の仕事をこなすのだ。

亀津には徳之島町役場、鹿児島県の出先機関もあり、徳之島の政治、経済の中心を担う。

多くの商店が集まる亀津中央通り。この通りの真ん中に須尚の自宅も兼ねた3階建ての島田電器商会がある。ここで開業したのは1977（昭和52）年だが、現在、店はシャッターを下ろしていて、店頭での営業はしていない。

須尚には長年のお得意さんが多くおり、テレビやクーラーの買い替え、メンテナンスや家庭用火災感知器の設置、さらには行政、企業からの様々な電気工事の依頼に応じていた。

1階は店舗、倉庫、自宅の玄関、事務所、ガレージがある。ガレージには洗濯機、冷蔵庫、ボイラーなどが置かれ、壁側には、電気工事の工具や部品、亀津中央通りの夏祭りで使用する

ラッキーのダニ採りをする須尚

放送用スピーカー10数台、中央には須尚の妻である小夜子の軽自動車が置かれている。

ガレージは「ラッキーのお家」だ。

洗濯機は、ラッキーの寝床であるスノコ板のベッドに敷いたバスタオルを洗うものである。須尚は朝、昼、夕とタオルを替え、まとめて1日置きに洗っている。

12月から2月頃、気温が20度を超えても、海風が強く吹き、肌寒さを感じる冬場にはバスタオルの上に毛布を敷き、さらに掛ぶとん代わりの毛布も用意する。

須尚がスノコ板で作ったベッドは長さ117センチ、幅66センチ、高さ10センチ。中央の板は、取り外せるので、タオル交換とともに板も取り替え、日中は直射日光で消毒と乾燥を行う。

冷蔵庫はラッキーに時々与える卵や犬用の煮干し、高温多湿の夏場に備えてドッグフードを保管するためで、ボイラーはラッキーの体を洗うための温水シャワー用だ。

わが家に帰ったラッキー――。

水曜日と日曜日以外は帰宅するや、車いすを外してもらう。首のフレームを外され、後ろ足を吊るす輪状のベルトから足を抜く。

ラッキーは後ろ足で一瞬立ち上がるが、すぐに崩れてしまう。前足だけで前進して、後ろ足はコンクリートの地面に引きずる格好で、ベッドに移動する。

ガレージのコンクリートの表面は、もともとツルツルとした艶のある状態で作られており、後ろ足の皮膚がこすれることもない。

車いすを装着しているあいだ、ラッキーは足を畳んで休むことができない。タイヤには柔軟性があるが、180度開いた状態にはならないので、健常な犬や猫のように、前足と両足を同時に畳んで休めないのだ。ラッキーは前足で立ち、車いすを支え、車いすに支えられている。

亀津新漁港での散歩で須尚の後ろをついて歩き、走り、また、自分で好きなように動く1時間から1時間半は休めず、ラッキーの運動量、消費するエネルギーも相当なものだろう。

ガレージでは、首輪にリードがつながれる。家庭での犬の飼育は首輪を付け、リードでの係留は飼い主に課せられる義務であり、放し飼いはマナーに反する。

リードを付けられたラッキーは、亀津新漁港とは違った風貌を見せる。島田家の番犬となるのだ。ガレージの前に人が近づいてくると、1、2度、軽く吠える。散歩中は吠えない。吠えると、周囲に迷惑がかかる、と理解しているためだろう。

水曜日と日曜日はシャンプーの日だ。

「ラッキー、ジャブジャブするよー、ジャブジャブだよー」

須尚が、自分の腰かけるシャワーチェアをガレージの入り口に置くや、ラッキーは大喜びで須尚の周囲を動き回る。

12月から2月頃の肌寒い時期はボイラーの温水を、それ以外の時期は水を使っている。

車いすごとラッキーの体を洗い始め、前後を入れ換え、車いすも外す。終わると、ラッキーは体を力強くぶるぶると震わせて、水を飛ばす。須尚はバスタオルでゆっくり拭き、軽くブラッシングしてからリードをつないで、自然乾燥に任せる。

朝、散歩から戻るとラッキーの朝食タイムだ。

水とドッグフードを入れた容器は、ベッドの上に載せず、少し離れた場所にそれぞれ置く。前進してラッキーはほおばる。

食べ終えて、ベッドに横たわり、しばらくすると、ラッキーは心地よい疲労に誘われるのか、目を段々と細めて、眠る。そのあいだに、須尚は亀津新漁港で集めたゴミを分別し、家庭用ゴミとして収集日に出す準備を始めるのだ。

眠っていても、ガレージのシャッターの開いた状態では、人の気配を感じると目を開け、吠える優秀な番犬である。夜は安眠させるために、ガレージのシャッターを下ろし、60ワットの白熱灯を常夜灯とする。

ガレージの横には一枚のドアを隔てて、須尚の事務所がある。人の気配がなくても、ラッキーが軽く吠える場合は「おしっこやうんちをしたい」という排せつのサインだ。小便や大便をベッドの上で垂れ流しにせず、我慢していることを須尚に伝えている。

須尚はラッキーを抱え、後ろ足をそれぞれ両手で持って、排せつをしていい場所まで運んでやる。もちろん、車いすを装着した後に、排せつを求めることもある。

ことを終えたラッキーは、首を上に伸ばして須尚の顔にキスをしたり、なめたりする。攻撃ならぬ口撃に須尚はうれしいながらも、「こりゃ、まいった」の表情になる。

夕方の散歩に出るまではガレージで留守番だが、須尚が電器屋で得意先を訪ねるときや、役場や行政関係の施設で用事があると、軽トラックの荷台に乗せて、その帰りに亀津新漁港に向かう。

役場などに立ち寄った際、ラッキーを荷台から下ろすこともある。須尚の後ろをラッキーはついてくるが、玄関の階段は上れない。しかし、身障者用のスロープがあると、軽快に駆け上がる。

「ラッキーはこっちを通るんだよ、こっちだからね」

スロープを通るように須尚が教えたわけでもない。初めての場所でも、こうした判断が瞬時にできるのがラッキーの賢いところだ。

「おりこうさんねー」

その様子に驚き、声を掛ける人もいる。ラッキーが褒められると、須尚もうれしい。

「おりこうさんだってよ。よかったねー」

須尚は笑顔でラッキーに伝える。

「賢そうな顔をしとるねー」

と褒められれば、思わずラッキーの父親としての喜びの言葉が出るのだった。

「ラッキー、カッコいいってよ。ハンサムだってよ。お父さんもうれしいよー」

ラッキーをシャンプーする須尚

島田家のガレージはラッキーのお家

6

ラッキーは捨て犬だった。須尚にとって、ラッキーは2匹目の飼い犬である。

須尚の1日は午前6時半から始まる。起床すると、先祖や両親を祀(まつ)った仏壇に茶を供え、手を合わせる。

階下のガレージにいるラッキーも物音で察するのだろう、ほぼ同時刻に目を覚ましているようだった。

「おはよう、ラッキー」

話しかける須尚の目に映るラッキーの朝一番の表情には「散歩に連れて行ってもらえる！」という喜びが見て取れる。それは、須尚にとってもうれしいものだ。

夜、須尚が寝た後はおしっこやうんちがしたくなっても、2階にいる須尚に聞こえるように大きく吠えることはしない。

その場合、ラッキーはベッドから降りて、ガレージのシャッター近くに移動して、コンクリートの床上に大便や小便をしている。ベッドを汚すのは、ラッキー自身、嫌なのだ。

朝、須尚はシャッターを開けて大便を処理し、コンクリートの床に水を掛けて小便を洗い流す。亀津新漁港に散歩に行き、帰って来ると、コンクリートは日光が当たって乾いている。

「ラッキーのお家」でもあるガレージには、ラッキーが愛用するものと同サイズのスノコ板で作られたベッドがある。

このベッドは、須尚が初めて飼った寅という名前の犬のものだった。

寅もまた、捨て犬であった。2000(平成12)年の7月から飼い始め、2015(平成27)年2月8日に亡くなるまで、須尚は15年間、オス犬の寅と時間を過ごしたのである。

(自分は犬を飼うような男じゃなかった。仕事一筋で、犬や猫にもまったく無関心で生きてきた。それが50歳を越えてから犬と出会って、まさか飼うなんて夢にも思っていなかった。犬との出会いが私の人生を変えた。人間的にも丸くなり、成長できた)

寅と過ごす中で、須尚はこう実感していた。

寅が推定年齢12歳、人間に換算すれば64歳と老いの兆しも見えるようになった2012(平成24)年の12月末、須尚は生後1カ月以内と思われる捨て犬に出会い、寅と合わせて2匹の犬を飼うことになった。

その捨て犬に、ラッキーと名前がつけられたのである。

須尚にとって亀津新漁港は、初めての飼い犬の寅との思い出がたくさん詰まった原点の場所でもある。ラッキーと、当時12歳の寅は、人間で言えば孫と祖父ほどの年齢差はあったが、ラッキーにとっては初めて〝お友達になった犬〟だ。

排せつの処理、朝夕のダニ取りをはじめ、須尚がラッキーにしてあげていることは、寅を飼いながら学び、習慣になったものである。

寅との出会いがあったからこそ、ラッキーとの出会いがあった。

妻の小夜子が外出するため、軽自動車に乗ろうとすれば、ラッキーも慣れたもので、ベッドから降り、須尚はベッドを立てて、壁側に立てかける。

そして、ラッキーを抱きかかえ、バックしながらガレージを出ようとする小夜子に「オーライ、オーライ」と声を掛けるのである。その後、ラッキーのリードを外し、広々としたガレージの中で自由にさせてやることもある。介護が必要な犬だけに、世話をする時間は健常な犬の少なくとも倍はかかっているだろう。

夫婦の何気ない会話もラッキーは聞いている。

3人の子どもに恵まれたが、孫はまだおらず、須尚には「ラッキーが自分にとって孫」同然である。そう強く思うのは、ラッキーの散歩、食事、排せつなど日常の世話をすべて引き受けているからだ。

「ラッキーは須尚さんのところで本当に幸せね」

「こんなに世話をしてくれる飼い主はおらんよ」

近所の者は須尚の献身ぶりを日頃から見て、口々にラッキーに話しかけるのだった。

しかし、小夜子は須尚に、

「ラッキーは幸せかもしれない。でも、不憫(ふびん)よ。わが家に来ていなければ、こんな姿にならな

ラッキーと須尚・小夜子の夫婦

かったのかもしれない。私自身、責任を感じるけれど、あなたがあのときに注意していれば、交通事故は防げたはず」

と、何度か口にしてはきた。

車いす姿の現実は受け入れるしかない。できる限りのことをラッキーにしてやらねばと須尚は交通事故の日から自覚している。

それは、寅と出会うまでは、動物に愛情を持って接することにまったく無関心だった須尚の心の成長の軌跡とも言えるものだった。

7

須尚は1949（昭和24）年11月5日、徳之島町の亀津で生まれた。8人きょうだいの4番目だった。1968（昭和43）年に地元の学校を卒業後、東京に出て専門学校で電気関係の技術を学び、電器工事士の資格を取得した。

徳之島にいったん、帰郷してから奄美大島は瀬戸内町の古仁屋（こにや）の電器店で働くが、このとき、4歳年上の小夜子と出会い、1970（昭和45）年に21歳で結婚。翌年に長男の誠（まこと）が生まれた。

一家の大黒柱となったが、映像をはじめ専門技術をあらためて勉強したいと小夜子の両親を説得して、須尚は妻子を伴って大阪に出た。

昼は電器店で働き、夜は映像専門の専門学校で学びながら、須尚は今後の展望を思い描いた。

（テレビが一般家庭に普及したように、ビデオデッキも近い将来普及するはず。本土から少し遅れはするだろうが、徳之島でも普及するのは間違いない。8ミリ撮影からビデオ撮影、8ミリ鑑賞からビデオ鑑賞へと時代は変わるはず。この技術の変革を見越しての撮影技術、編集技術を町の電器屋としても身につけておく必要がある。小さな島の電器屋が生き残るためにも必要な投資だ）

須尚が徳之島で島田電器商会を立ち上げたのは、1974（昭和49）年、25歳のときだった。このときの店舗はまだ亀津中央通りではなかった。

親戚やきょうだいが農協や民間の会社などに勤める中、須尚ただ一人が事業を興し、町の電器屋として歩み出したのだ。

とはいえ、亀津には古くからの電器屋もある。新規参入の須尚は、朝8時から店を開け、客のどんな相談にも気軽に乗り、迅速な対応を心掛けて、町の人々の信頼を得ていった。

小夜子が店番をし、営業時間は夜8時までだが、閉店後も夜中まで働くのは普通だった。

（凡人の自分がお金を稼ぐには、人様より働く時間を長くしなければダメだ。『時は金なり。金は時なり』で必死に働けば活路は開けるはず）

須尚は自分に言い聞かせていた。

徳之島で酒といえば名産の黒砂糖から作られる黒糖焼酎があり、また、男性の喫煙率もすこぶる高い。須尚は酒も飲まず、タバコも吸わない。

「趣味は仕事ですよ。定休日はありません」

須尚は周囲に言っていた。懸命に働く目標のひとつは、早いうちに亀津中央通りに店舗兼自宅である自分の城を構えることだった。

幸い、電化製品がよく売れる時代だった。白黒テレビがまだ多く、カラーテレビへの買い替え、冷蔵庫や洗濯機の買い替え、電子レンジ、ステレオの購入など、順調に注文を受け、須尚は徳之島町、天城町、伊仙町と徳之島の3町を毎日駆け回った。1975（昭和50）年には長女のこずえが生まれ、20代半ばの須尚はさらに気合を入れて働く。

しかしながら、島田電器の経営も軌道に乗る中で、須尚は徳之島独自の哲学に乗ってしまう。小夜子には内緒で、闘牛用の牛を80万円で購入したのである。

徳之島の経済界で島田須尚の名前が知られるようになったこの時期、徳之島の企業や商店の経営者の間で闘牛の牛を持ち、闘牛大会に会社や店の名前を四股名にして出場させるのがブームとなっていた。

実熊実一（さねくまさねいち）号、川畑重夫号、福田喜和道（きわみち）号、鮫島文秀号といった一家一族の誇りとして個人名を付ける四股名もあるが、前田農園1号、豊富建設号といったように企業名も多く冠せられていた。さらには徳之島出身者が本土で成功して、島内在住の親戚や有志に報酬を出し、預けるかたちで、関西金属1号、関西金属2号といったように闘牛大会に出場させていた。

幼い頃、須尚も闘牛大会を観戦していたが、「将来、自分も闘牛の牛を持ちたい」とまでは考えたことはなかった。しかし、「事業で成功しても、それだけでは徳之島の男として成功したとは言えない。闘牛の牛を強く育てて、島の人々を闘牛大会で存分に楽しませてこそ、徳之島に生まれた男として本当に成功を果たしたことになる」という徳之島独自の〝成功物語〟に、須尚は島の男のメンツから乗ったのである。

須尚が自分で牛の世話をするのではない。しかるべき報酬を出して、日頃の世話と調教を知人に委託した。家族には内緒でも、須尚とすれば「島田電器は儲かっていますよ」と、徳之島の経営者たちに見せつけておく必要があった。同時に、こんな感慨も抱いた。

（無一文に等しい懐具合で大阪から徳之島に戻って、自分も亀津に店と家を構え、遂には牛を持てるまでになれたか）

闘牛の牛を所有して、徳之島最強の横綱牛の証しである全島一優勝旗の獲得を夢見ない者はいない。無差別級の横綱であり、横綱の中の横綱とされる全島一優勝旗の獲得及び防衛こそ、闘牛の牛を所有する者、一家一族の最高の栄誉である。小学生の男子が、将来の夢は、と題する作文で「全島一優勝旗を獲る！」「島で最強の牛を持ちたい」と書くほどだ。

とりあえずは、妻の小夜子に内緒だけに、島田須尚号、島田電器号、島田電器商会号といった四股名で出場させるわけにはいかない。連戦連勝してから島田電器号に改名すればいいのだ。大関、横綱ともなれば、子どもからお年寄りまで牛の名前と牛のオーナーとして自分の名前が知れ渡る、という期待もあった。まして、全島一優勝旗を獲得し、人気実力とも抜群となれば、「500万円、いや、1000万円で譲って欲しい」と声が掛かるかもしれないのだ。

江戸時代に活躍し、大相撲史上最強の力士と喧伝(けんでん)される雷電為右衛門にあやかり、「雷電号」と名付け、1976(昭和51)年の元日、初陣となるデビュー戦に臨んだ。

現実は厳しかった。デビュー戦で負け、4カ月後の2戦目も負けた。小夜子に内緒にしていたはずだが、そうはいかなかった。連敗後、

「小夜子さんやー、須尚さんの牛は全然勝てんねー」

店で留守番を預かる小夜子は、客から口々に言われたのだ。

小夜子の驚きは尋常ではなかったが、闘牛ファンには「雷電号の牛主は島田電器のオヤジさん」と知れ渡っていた。すっかりバレた後、

「島田さん、あんたの牛、20万円で売ってくれんか」

と須尚に話を持ってきた人がいた。

須尚の牛主生活は4カ月で終わった。デビューをしても1勝がいかに難しいか、まして、勝ち続けて大関、横綱になることとは大変なことと、差し引き60万円で勉強したかたちとなった。

(自分のように見栄だけで、牛への愛情が二の次ではダメなのだ。歴代の名牛は、牛主が牛小屋で添い寝をするぐらい愛情を注いできた。牛も家族の愛情に応えようとするからこそ、苦しく激しい戦いに勝ち抜こうとするのだ)

勝ち続ければ、金はかかっても、「強い牛を持っている」と讃えられるが、負ければ子どもにすら笑われるのだから、闘牛は厳しい。

小夜子に、もう自分は牛主にはならない、と誓った。

しかし、伝統生活文化である闘牛とは、徳之島に住んでいる限り縁は切れない。むしろ、より深い関係を持つようになるのだから、人生とはわからない。

1977（昭和52）年、須尚は念願の店舗兼自宅を亀津中央通りに構えるが、自らの映像技術が存分に発揮され、徳之島にビデオ市場を開拓する機会が到来したのである。

当時、ビデオデッキは25万円前後、120分のビデオテープは4000円もした。映画やスポーツの市販ビデオは、1万円から1万5000円が相場だった。

須尚は、結婚式や同窓会、長寿の祝いなどの席に出向き、その模様をビデオカメラで撮影させてもらった。すぐに編集して、早ければ当日中、遅くとも翌日にはテレビとビデオデッキを持参し、関係者の家を訪ねて再生映像を鑑賞させた。ビデオという最先端の家電製品がどんなものか、を知ってもらうためでもある。

そこには、写真でしか振り返れない思い出が、テレビや映画のようにカラー映像しかも音声入りで現れ、誰もが画面の中の自分たちの姿を見て驚き、感動した。

須尚にはビジネスチャンスだった。ビデオデッキはもちろん、最新のテレビと合わせて購入する者が続出した。他の電器屋もビデオデッキを売ってはいるが、須尚のように自らビデオカメラを回し、希望があれば、どんな撮影も気軽に引き受ける者はいない。

「島田さん、10年後、20年後に見れば、もっと感動するね。じいちゃん、ばあちゃんもビデオの中なら永久に元気だしね」

こんな声も寄せられる中で、須尚をハッとさせたのは、

「島田さん、ウチの牛をビデオに撮ってくれんか？」

という闘牛大会の取組の撮影依頼だった。

須尚は新たなビジネスチャンスに気がついたのである。闘牛大会を統括する徳之島闘牛連合会に相談して撮影料も払い、全取組、全大会をビデオに収め、大会ごとにビデオを販売する権利を得た。

自らの牛主の経験も生かされた。特に横綱戦、大関戦はファンが注目するだけではなく、牛を所有する一族郎党にとって最高の晴れ舞台だ。

須尚は120分テープを3倍モードにして、各大会の全取組を6時間内にノーカットで収録、そればかりではなく、決戦を控えた横綱、大関の各牛の角研ぎの様子、闘牛大会前夜の前祝いの様子、闘牛場に送り出す一族郎党の儀式、取組前と取組後の闘牛場のファンの声も収録するドキュメントタッチに仕上げて販売した。

市販の映画のビデオにならい1本1万円という価格に設定したが、牛を出場させ、見事に勝利を収めた牛主、親族から予約がどんどん入り、

「ビデオデッキもカラーテレビもセットで買うから、ビデオ鑑賞できるよう急いでくれ」という注文も相次いだ。

闘牛大会で勝てば、一族郎党、近所が集まっての祝勝会は牛主の家で朝方まで続くときもある。闘牛ビデオが登場するまでは、一同が今日の戦いぶりを思い出して祝杯をあげたが、ビデオの再生によって祝勝会は一層盛り上がった。

1978(昭和53)年に次女の孝子が生まれた。家族が増え、責任がさらに増す中、須尚は仕事にさらに傾注する。ビデオデッキの販売促進のために、飲食店を借り切って牛主や闘牛ファンを無料で招待して、闘牛ビデオ上映会も定期的に開催した。ビデオデッキの魅力や使い方を説明する地道な営業活動だった。

闘牛ビデオは新たな徳之島の観光みやげ、本土の徳之島出身者へのプレゼントになったばかりでなく、対戦相手の研究資料としての需要も生まれた。

闘牛大会は当時、正月の元日から三が日を皮切りに毎週日曜日に開催され、午前と午後に場所を変えての開催も珍しくなかったが、須尚は、闘牛大会の当日の祝勝会に間に合うように販売を心掛けた。

闘牛場は当時、すべて野外である。屋根のあるドーム闘牛場はまだない。雨に濡れながらの撮影もあった。ビデオの反響があるのは須尚にとってうれしく、映像のクオリティにも、プロとして厳しくこだわった。テレビ局やテレビ番組の制作会社が撮影で使用する映像カメラを2

50万円で購入して、撮影に投入した。

牛主として島田電器の名前は上げられなかったが、闘牛ビデオの制作と販売によって、島田電器の名前は徳之島に広く浸透したのだった。

闘牛は沖縄県の本島及び石垣島、愛媛県の宇和島市、新潟県の長岡市や小千谷(おぢや)市、岩手県の久慈市でも行われており、徳之島はこれらの地と牛のトレードも行っているが、島田電器の闘牛ビデオには各地の牛主、ファンからの注文の電話も相次いだ。

大阪で映像の勉強をしたことには、十二分な意義があったのである。

須尚は闘牛ビデオの制作を約10年間続け、昭和から平成(1989年〜)に変わる頃、島内の他の業者に権利を譲った。現在も、各闘牛大会の模様は、当日中にDVD化され販売されているが、このビジネスモデルを作ったのは須尚である。

8

店舗を開けていた時代、須尚は店内、周辺の道路を朝に夕に掃除していた。自宅の掃除も率先して行った。どんなに多忙でも、自分が掃除をしなければ、気がすまない。

きれい好きな性分だけに、ペットを飼おうとする発想が須尚にはなかった。須尚自身、犬や猫を飼った経験もない。

「パパ、犬を飼いたい」

「お父さん、猫を飼おうよ」

子どもたちから言われても、

「ダメだ。犬や猫は毛が抜けるというぞ。家の中が汚くなる。臭いし、不潔。それにうるさい」

と、まったく取り合わなかった。子どもも多感な時期だけに、負けず、反論した。

「お父さんは冷たい人だ！　動物への愛情もない人だ！」

「そういうパパは、ママに内緒で牛を飼ったんでしょ」

「犬や猫を飼うよりはるかにお金のかかる闘牛用の牛を飼ってたくせに」

子どもたちに言われ、痛いところを衝かれたと内心は思いつつも、

「パパに牛を飼った経験があったからこそ、闘牛ビデオが生まれたんだ。それが島田電器の大切な商品になって、多くのお客さんが買って下さるから、お前たちも毎日ご飯が食べられて、学校で勉強ができるんだぞ」

もっともらしく説明し、納得させていた。

時代は昭和から、平成に移る——。

須尚は、本土の家電量販店が徳之島に参入し、亀津に店舗も構えた〝時代の流れ〟を厳しく見つめていた。１９９５（平成７）年の新年、量販店の新聞折り込み広告を前に決意した。

〈新たなお客さんを開拓しようにも、安さでは大量に商品を仕入れている量販店にはどうして

も分がある。勝負を挑むのは無理というもの。小売り店舗の島の電器屋は、これまでと同じ商売はできない。ウチも規模を縮小せねばなるまい）

須尚は、１９９１（平成３）年に、亀津新漁港の近くの2階建ての商業ビルを、１１０坪の土地と共に３０００万円の10年返済で購入し、居酒屋として人に貸していた。バブル経済の最後の年で、土地が限られている徳之島だけに「土地を買うならば徳之島より鹿児島市で買った方が安く済むぞ」と言われたほど高額だった。

亀津新漁港にほぼ面した、このビルを取り壊して新築し、１階は焼肉屋、２階はカラオケボックスとして、自らオーナー兼店長として働く、と決めたのだ。

徳之島は鹿児島県屈指の肉牛の生産地で、亀津には焼肉屋も多くある。焼肉は広く親しまれているだけに、須尚は挑戦してみたくなったのだ。

徳之島でカラオケといえば、「夜、スナックで歌うもの」という認識が強く、学生同士、友人同士で気軽に楽しめるカラオケボックスは当時、一軒もない。

島の人々になじみの深い焼肉と、なじみが薄いカラオケボックスの組み合わせは過去にない挑戦である。新しいビルは「遊楽館」と命名した。家族、友達と心から楽しく過ごしてもらいたい、地域の遊び場として気軽に使ってもらいたい、と願っての命名だった。

須尚は、銀行から建築費用と設備費用として８０００万円を10年間の返済で借りた。

「焼肉　遊楽館」、13の個室を持つ「カラオケ　遊楽館」の営業許可は「遊楽館」の名称も含めて徳之島保健所に認可された。建て直しの間に、保健所で食品衛生管理者の講習を受け、肉の仕入れ、取り扱い方を学んだ。カラオケの通信機器の設置については、電器屋として須尚が陣頭で指揮を執る。５台分の駐車場の案内看板なども、須尚自らが器用に手作りした。

１９９６（平成８）年11月20日に「遊楽館」は開店する。

日中は電器屋、夕方から深夜まで小夜子と従業員２人で焼肉屋とカラオケボックスを切り盛りする日々が始まった。

「島田電器さんが焼肉屋とカラオケボックスを始めた」

町の話題となり、得意先をはじめ、また、新規開店の物珍しさに多くの客がやって来た。

年末、東京から帰省した客から東京の有楽町駅の駅前に、鹿児島県の特産品や農産物、観光情報などを提供する県のアンテナショップ「かごしま遊楽館」が１年前の７月にオープンしているという話を聞いた。有楽町から遊楽と名づけたようだが、くしくも同じ名前である。鹿児島県が運営する徳之島保健所から名称の許可も得ているので問題はないが、思わぬ偶然に須尚は驚いた。

9

開店４周年を目前とした１９９９（平成11）年の10月のことだった。

遊楽館ビルの前に広がるモクマオウの防風林の道筋に、トタンの屋根で作られた東屋がある。アウトドア用のテーブルやいすが置かれ、正午過ぎからお年寄りらが集まり、囲碁や将棋、おしゃべりを楽しんでいる。夕方、各自は家に戻るが、夜になってもその場所から離れない、背広姿に革靴の初老の男性に須尚は気づいた。

「自分には帰る家がなく、ここで寝泊まりを始めたばかりでして」

と途方に暮れている。

亀津出身とのことだが、家も畑も売り、家族も捨て、金だけ持って関西方面に出たものの、食い詰めてしまい、ほうほうの体で徳之島に戻ってきたが、苦労させられた恨みのある妻子は、当然、迎え入れない。男性は、ホームレスとなったのだった。

好き勝手に財産を使った男性に非があるのは明らかだが、須尚は見捨てることはできなかった。焼肉屋から食事を運び、男性に与えた。

(このままここで、は無理だ。生活保護は受けられないものか)

徳之島町役場の住民生活課に出向き、事情を話した。

徳之島にはホームレスの前例がなかった。それはユイ(結い)の社会が通常の姿だからだ。ユイとは、困っている人がいれば手を差し伸べ、助け合う共助を意味する奄美群島での島言葉(方言)で、奄美のよき伝統と人々は誇ってもいる。ユイの社会に〝ホームレス〟は存在しないのである。

須尚の問い合わせを受けた住民生活課は困り果てた。

「男性の現住所が徳之島町になければ、福祉の対象とはなりません」

と伝えてきた。男性は関西に住所を移したまま、となっていたからだ。

役場としては手を差し伸べられない、家族のもとにはもう帰れない状況であり、このままホームレスを続けるしかない、となった。

法律的にはそうであっても、須尚は割り切れない。

「自殺でもしたら、徳之島町の責任になりますよ。新聞にも載りますよ。これこそ恥です。ユイの島、長寿の島と観光で大々的にうたっているのに。矛盾しますよ」

須尚は窓口で、打開策を打ち出すよう懇願した。生活保護を行う場合は、鹿児島県の判断も必要になる。徳之島町役場は動き出し、後日、「遊楽館」に須尚、ホームレスの男性、町役場の住民生活課長、鹿児島県の担当者が集まり、話し合った。

方法がひとつあった。手続き上、男性の現住所を取りあえずは須尚の店に居候しているかたちとすれば生活保護も可能、というものだった。

この方法は書面の記載で済ませられるものではなく、居住の実体がなければならない。

そうは言っても、店に住まわせるわけにいかず、男性を雇う余裕もない。

しかし、知恵は出てくるものだ。遊楽館ビルの隣は更地になっている。須尚は廃車になっているワゴン車を一台、知り合いの業者から譲り受ける約束を取り付けてから、更地の地主に事情を伝え、ワゴン車を一時的に置かせてもらう許可を得て、運び込んだ。男性は1カ月近く、ワゴン車の中で生活した。中に畳を敷き、食事は須尚が面倒を見る。水道、トイレ、洗濯機は遊楽館のものを利用する、入浴は銭湯を利用するなどを取り決めた。

見ず知らずの者に対しての尽力に、小夜子、また、須尚のきょうだいは驚いた。しかし、須尚が「こうだ」と決めたことに文句は言えない。

1カ月間に必要な手続きが行われ、男性は無事、生活保護の受給対象となり、民間のアパートも借りられた。

「島田さんは神様だ！」

男性は須尚の前で涙を流し、手を合わせた。また、男性の娘から丁重な電話もあった。それから約10年、男性は家族との再会は叶わなかったものの、ふるさと徳之島で天寿をまっとうできたのであった。

ホームレスの男性との一件があった翌年、須尚は寅と名づける犬と出会う。寅との出会いがなければ、ラッキーとの出会いもなかった。

ラッキーの車いすを装着する須尚。ラッキーの首の背部を発泡ゴムのパッドで包んだフレームで固定した後は、後ろ足の膝から下を輪状のベルトに通して吊り上げる。尻尾をフレームの上に載せて装着は完了

第2章　寅の物語

1

薄茶を基調とした体色に、毛並みが黒みがかったオスの子犬が、夕方、遊楽館ビルの周りを掃除する須尚の前に現れたのは、２０００（平成12）年の7月のはじめだった。

子犬は吠えもせず、防風林の陰から須尚を見つめていた。

首輪は付けていない。飼い主に見捨てられたのか、野犬として生まれてあちこちを歩いてここにたどり着いたのか。

（捨て犬だな）

どことなく、おどおどした表情を須尚は感じた。

（こいつめ、あっちへ行け！）

ほうきで追い払う仕草した。

子犬は一声も上げず、小走りでいなくなった。

（俺は犬も猫も嫌いだ。犬が集まってきたら、掃除も何かと面倒だ。焼肉の匂いに引き寄せられているのかもしれないな）

須尚は掃除を終え、店内に戻り、開店の準備を始めた。

その日の営業を終え、自宅に戻ろうとすると、５台分の車が停められる遊楽館ビル専用駐車場の街路灯の下に、またあの犬がいた。

このときも、

（ほれっ、あっちへ行け！）

と蹴る真似をして追い払った。

翌日の夕方も、掃除をする須尚の前に子犬が現れた。

（またか。こいつめ！）

ほうきを振りかざすと、子犬も走り去ったのだった。

この日の夜、仕事をしているとき、子犬とホームレスの男性の姿がふと重なった。

（捨て犬だから、この近くのどこかで寝ているのか？　食べ物はどうしているのだろう？）

そんなことを思い始めたのである。

（腹も減っているのだろうなあ）

にわかに心配にもなった須尚は、従業員にこう伝えた。

「お客さんが食べ残した肉は捨てず、この皿にまとめておいて」

その日の営業が終わった。

（あの犬はまだ駐車場近くにいるかもしれない）

食べ残しの肉をまとめた皿を手に、須尚は外に出た。

予感は当たった。子犬はいた。須尚は腰を屈めて、肉を右手に持つと、子犬は早足で近づいて来る。吠えもしない黒い口元に須尚が肉を近づけてやると喜んで食べた。

「まだ、たくさんあるぞ。遠慮するなよ」

須尚は笑顔で話しかけ、肉を食べさせた。よほど腹が減っていた様子だった。

翌日の夕方も子犬は現れた。この日は追い払わず、屈んで手招きする。

「特別サービスだぞ」

切り立ての肉をあげたのだった。

閉店時にも須尚は客の食べ残しの肉におまけも足して、子犬に与えた。

（犬や猫は大嫌いだ、うるさいし、毛も抜けて不潔だ）

そんな須尚の心が変わりつつあった。

夕方、腹を満たした後はどこに行くのか？

須尚は気になり始め、後ろからついて行った。すると、遊楽館ビルから歩いて1分ほどの亀津新漁港に犬は入り、広い敷地を力強く、元気よく駆け回っていた。

夕方の掃除の時間に姿を見せないとき、須尚は亀津新漁港に行ってみた。須尚の姿を見て駆け寄って来るようになった。

「ここがおまえのホームグラウンドなのか」

須尚はそう言って、犬の目を見つめた。

肉を与え始めて1週間が経過した。突然、子犬の姿が見えなくなる。

（夕方にいなくても、閉店時にはいるだろう）

と思った須尚だったが、その日の夜、明くる日の夕方も、閉店時にも子犬は姿を見せなかった。漁港にも行ってみるが、ここにもいない。

（元の飼い主のところに戻ったのか）

（誰かが、飼おうとして連れて行ったのか）

須尚は胸騒ぎを覚えた。

（もしかしたら、保健所に連れて行かれたのか）

誰かが犬がうろついていて困ると町役場か保健所に連絡すれば、担当職員によって捕獲される。捕獲された犬は徳之島保健所に運ばれ、飼い主が現れなければ、殺処分される。須尚は以前、徳之島町の広報紙でそのような話を読んだことがあった。

（もし、あの犬が保健所にいたら……自分が飼ってやらなければならない）

須尚は自分が子犬に愛情を抱いていることを感じた。

2

須尚は翌日、午前9時に徳之島保健所を訪ねた。

「体は薄い茶色なのですが、黒みがかった犬はこちらにいませんか？」

窓口で問い合わせる。

「おととい、それらしき犬が収容されていますね。オスの雑種の子犬です」

公務員獣医師である担当職員の案内で、保健所の敷地内にある犬舎に案内された。サッシの戸を開けると、糞尿の臭いが鼻を刺激した。

10畳ほどの大きさの犬舎には、鉄格子の檻があり、数匹の犬が収容されていた。犬が一斉に吠え出した。その吠え声が、コンクリートの壁に反射して部屋全体に響く。

「おった！　この犬です！」

須尚は思わず声をあげた。

これまで須尚の前で一度も吠えなかったその子犬が、大きく吠えている。それも、途切れずに吠えている。

（助けて！　ここから出して！）

と須尚にはそう訴える叫び声に聞こえた。

収容されている犬の飼育を希望する場合はどういう手続きを経ればいいのか、須尚は男性職員に問うた。職員は、須尚とこの犬の関わりについてたずねた。

犬嫌いの自分が焼肉屋の肉も食べさせていたことも含め、須尚は話した。

「私たち保健所の職員が犬を捕える目的は、ひとつは飼い主に見放され、野に捨てられた元ペットの犬の保護であり、もうひとつは、首輪が外され、リードや鎖でつながれていない野良犬こと〝徘徊犬〟の捕獲です」

職員はゆっくりとした口調で話し始めた。

「狂犬病予防法に基づく行政サービスの一環ですが、犬を飼って養ってゆく、飼養といいますが、犬を飼養し、管理する場合は常に首輪にリードや鎖を付けてつなぐ義務が鹿児島県の条例でも定められています」

この犬は首輪もなく、「野良犬が防風林に住みついて、夜中に鳴いてうるさい」と苦情が徳之島町役場に寄せられ、公共の場で住民に咬みつく行為を回避するために町役場の職員が捕獲してから保健所に運んできた、と職員は説明した。

夜中に鳴いてうるさい、とは、須尚には初耳だが、

（夜中、元の飼い主を思い出して寂しさから鳴いていたのかもしれない）

と思いもした。

「首輪がないので、飼い主が探しているわけではないと考えていいと思います。『自分が本来

の飼い主だ』と島田さんの前に現れる可能性はまずないでしょう。この犬を島田さんが飼いたいと申されるのでしたら、まず、鹿児島県の条例に従って頂きます」

犬舎に収容された犬は、「抑留犬」と呼ばれることを須尚は知った。

申し出によって抑留犬を引き取り飼育する場合、鹿児島県の条例に基づき、1匹あたり4000円、1日あたり400円の餌代を負担する「抑留犬返還手数料」が求められるという。

「4800円を保健所で支払って頂き、犬をお渡しできますが、必ず町役場に行き、犬の登録をして下さい。3000円の手数料を払って登録すると、登録番号を刻印した鑑札がすぐに発行されます。鑑札は首輪に必ず付けて下さい」

須尚にとっては初めて知ることばかりである。

（犬を飼うことは簡単ではないのだなあ。役場に登録するなんて責任重大じゃないか）

職員は話を続けた。

「ペットとして犬を飼おうとすれば、年に1回、狂犬病の予防ワクチンを接種するきまりです。生後91日以上、永久歯に生え替わる時期に1回目の注射をしますが、この犬は1歳ぐらい、接種の有無はわかりませんが、念のため、接種をしておいた方がいいでしょう」

どこで注射をすればいいか、須尚は首を捻る。

「徳之島に犬の獣医さんなんていましたっけ？」

思わずたずねた。

「いや、牛専門の獣医さんが接種してくれますよ」

と職員は言う。

「徳之島には多くの犬や猫がペットとして飼育されているのに、犬猫専門の獣医さんが一人もいません。動物病院、最近ではペットクリニックと呼ぶようになっているようですが、開業されていないのは残念ですよ」

「犬猫の獣医がいない島とは、お寒いですね」

あいづちを打った須尚だが、専門の獣医が徳之島にいないことの過酷さを後に肌身で知るとは、このときは想像もしていなかった。

徳之島町では、毎年3月の年1回、町内の亀津児童公園で接種を行っていること、加えて牛の獣医が定期的に島内を巡回しての接種も行われていることも教えられた。

接種後に「狂犬病予防ワクチン接種済み」の鑑札が発行され、それも登録の鑑札と共に首輪に付けなければならないと須尚は知り、改めて、犬を「飼養」する責任を知ったのだった。

「お金は手元にありますが、首輪やリードがありません。ホームセンターで今、買ってきます。それから手続きをする段取りでよろしいですよね？」

職員は今、伝えた内容を須尚が理解してくれた、と受け止めた様子だった。ですが、と須尚に問いかけた。

「島田さん、犬は適正な飼養を受ければ15年は生きる動物です。この犬は1歳ぐらいと思われます。『今日から15年以上、自分は飼育できる』と自信を持って言えますか？　ご家族にも犬を飼うことは了解を取ってあるのでしょうか？　飼育するスペースはありますか？　島外への引っ越しのご予定もありませんか？」

須尚は、即答した。

「スペースは問題ありません。島外へ引っ越しの予定もありません。今、一緒に暮らしているのは女房だけですが、許可は取っていません。急いで駆け付けてきたので。世帯主である私一人の判断ですが、家族に承諾させます。こんな返事では物足りないかもしれませんが、この犬を島田家の一員として迎えて看取るまで飼います」

「誓って頂けますね？」

「はい」

そう返答をしてから須尚は、

「ところで、ひとつ、教えて下さい」

犬舎の中に視線を送った。

「私が今、『やっぱり、飼うのをやめます』と言ったら、あの犬はどうなるのですか？」

職員の顔が一瞬、曇った。

「申し出がどなたからもない場合、あるいは元の飼い主が原則、抑留開始から7日以内に現れなければ、殺処分とします」

3

「また、法律の話になりますが」

職員は断り、説明を続けた。

処分とは呼ばず、重い響きを持つ「殺処分」の言葉は行政用語のひとつで、根拠となる法律はさきほどの狂犬病予防法と動物愛護管理法の2つだという。

狂犬病予防法が「保護・捕獲」について定めているのに対して、動物愛護管理法では犬や猫の飼い主が面倒を見ることのできなくなった場合の「引取り」について規定をしている。「保護・捕獲」された犬は1週間以内に申し出がなければ殺処分とし、「引取り」の犬は飼い主が飼育を放棄したとされ、収容した翌日に殺処分とする。これは法律に基づいた行政による仕事、行政サービスなのである。

処分する数が一度に複数いる場合には炭酸ガス（二酸化炭素）で窒息させ、1匹であれば、採算面も考慮して、薬を用いた注射で殺処分とする、死体はゴミ処理施設に運んで焼却するとのことだった。

処分の方法がどちらであれ、手を下すのは動物の健康を支えるはずの獣医師であるとも、須尚は教えられた。

「炭酸ガスを用いる装置はここにもあります。炭酸ガスドリーム装置、通称、ドリームボックスとも呼ばれます。眠るがごとく、苦痛のないように、という意味です。呼吸を止めるので苦痛がないわけではないのですが」

担当職員は言葉を濁した。装置の操作盤には横書きで注意事項が書かれていた。高濃度の炭酸ガスの使用を示唆するものだった。

○処分時は室内の換気に注意すること。

○作業時は必ず炭酸ガス濃度計を使用すること。

「縁あって私はこの犬と出会い、飼いたいと思いましたが、元の飼い主が野に捨てず、保健所に連れて来ていたとしたら……こうした出会いもなかったのですね」

須尚はこう話してから、

「徳之島では捨て犬、捨て猫が野良犬、野良猫となっている姿が多く見られますが、保健所に持って来られないから捨てる人も多いのでしょうかね」

思ったままを口にした。

このとき、須尚は、これまでに島田電器のお得意さんの中にも、捨て犬を飼っている者が少なくなかったことを思い出していた。子どもが拾ってきた、家に突然やって来た、と理由は多々あるが、不憫に思い、餌をあげたことで情が湧き、飼い始めた、と聞かされてきた。

「保健所に持っていけば、殺処分されてしまう。だったら、首輪を外して自然の中に放してしまえばいい、と思い込んでいる方も少なくないと思います。自分では殺せないから、野に捨てれば誰かが飼ってくれるはず、誰かが飼ってくれなくとも自力で生きていける、と考えているのでしょう」

「そんな犬や猫が特別天然記念物のアマミノクロウサギや希少種を捕えてもいるのでは」

須尚が言うと職員は苦しい胸の内を明かした。

「捨てられた犬や猫は、生きるために捕食せざるを得ません。ペットフードで生きてきた彼らも、環境に適応して、生態系を壊す外来種となるわけです。私たちは、その対策に頭を悩ましてもいます」

職員は犬猫はじめ愛玩動物を捨てることは「遺棄」と呼ばれ、動物愛護管理法第44条に違反し、30万円以下の罰金となると教えてくれた（筆者註・改正された動物愛護管理法が２００５年6月より施行され、30万円以下は50万円以下に引き上げられ、さらに２０１３年9月より50万円以下が１００万円以下に引き上げられた）。

「ペットを野に捨てても、見ている人がおらず、警察に通報されない限りはおとがめなしですか」

職員はうなずいた。

「無責任な大人の行為は子どもたちがどこかで見ているはず、ですよね。情けない」

須尚は率直にこう言ったが、捨てられた子犬との出会いがなければ、このような現実も知らなかった、と思った。

保健所で子犬と再会し、これから最期まで面倒を見ようとしている今、人間とペットの複雑な問題も学んだのだった。

4

なじみのホームセンターでも、ペットコーナーに足を踏み入れるのは初めてであった。

店員にたずねながら、首輪とリード、さらに1歳から2歳の子犬用のドッグフードなどをカゴに入れてゆく。

(犬用のソーセージやハムなんかもあるのか。知らなかったなあ)

須尚は目を丸くした。

再び保健所に向かう。往復で4キロほどの距離、車を運転しながら須尚は、

(自分は間もなく51歳になる。犬と15年以上過ごすのは年齢的にも可能だろう)

最期まで面倒を見るのは当然、飼育の放棄なんて考えられない、と自分の意志を確認した。

酒もタバコもたしなまない須尚は、健康であると自負はしているが、

(今後はより健康に留意しなければならないな)

と考えた。

保健所で抑留犬返還手数料を支払い、犬舎で譲渡となる。
初めて犬を飼う者に向けた注意書きも用意されていた。

中毒や消化不良を招く恐れから犬に与えてはいけないもの
魚介類……タコ、イカ、エビ、貝など
硬い骨……鶏の骨、魚の骨
ネギ類……玉ネギ、長ネギ、ニラなど（生でも加熱したものでも注意。水に溶けたネギの成分は犬の血液の赤血球を溶かす作用があり、摂取すると血尿、下痢、嘔吐などの症状を引き起こす）
加工品……犬用以外のハム、ソーセージ、ベーコン、かまぼこ、こんにゃくなど
菓子類……チョコレート、ケーキ、飴類、せんべいなど
飲み物…水や犬用ミルク以外のもの。味噌汁を含む

もちろん、須尚にとって初めて知ることばかりだ。
徳之島の焼肉店では、大人に連れられた子どもも多く来店するので、焼肉のメニューにソーセージを何本か副(そ)えるのが一般的だ。須尚の店でももちろん、ソーセージは絶やしたことはなかった。

（肉を与えていたけれど、もし、ソーセージをホイホイ与えていたら、健康を損なっていた可能性もあったのか。知らないとは恐ろしい。この注意書きは頭に叩き込まないといけないな）

犬舎に入ると、さきほどと同じように犬が吠え始めた。

担当職員が檻から子犬を出した。須尚は他の犬を見ないようにして、今日から島田家の一員となる子犬だけを見ていた。しかし、響く鳴き声は耳に入る。

須尚が屈んで買ってきたばかりの首輪、リードを付けた。

「島田さん、今日にでも名前をつけてあげないと」

1匹でも殺処分を回避できたことは、職員としてうれしいのだろう。

「ですが、まだ島田家の一員となったわけではありませんよ」

と断りをしてから、

「その足で町役場に行って、登録手続きをして下さい。首輪に鑑札を付けてから、お家に帰って下さいね」

念押しを忘れなかった。

須尚が犬舎から一歩、外に踏み出したときだった。

リードを付けた子犬が大きく吠え、須尚が一瞬、よろけそうになるほどの勢いで、走り出そうとしたのだ。須尚は踏ん張ったものの、

（こんなにも力があるのか！）

と驚かざるを得なかった。

（ここからすぐに離れたいのか。『ここにいたら殺される！』と、檻に入っていたとき、他の犬と会話をしていたのかもしれない）

軽トラックの荷台に犬を乗せ、リードもつないだ。

「荷台ではリードの長さは短めに。犬がお座りもできるぐらいがよいでしょう」

職員はアドバイスもしてくれた。長めにつないだため、バランスを崩した犬が落下したことに気付かず、引きずったまま走って死なせてしまった事例もあるという。

保健所を後にし、町役場の住民生活課で登録手続きをする。

ホームレスを何とか助けて欲しい、と頼み込んだ住民生活課に犬の登録で訪れることになるとは、須尚は奇妙な気分だ。

手続きの間、荷台で待つ子犬は救われたと感じたのか、もう吠えなかった。

登録料は３０００円。首輪に付ける黄色い鑑札が手渡された。「徳之島町　第００２０３号」と表示されていた。

この手続きをもって、晴れて島田家の一員となったのだった。

（捨てられた、というトラウマはあるだろう。殺されるという怖い思いもストレスとなったかもしれない。この犬を自分は癒してあげなければいけない）

駐車場で首輪に鑑札を付けた際、須尚は思った。

「今日から犬を飼うから」

自宅に戻り、小夜子に伝えた。

突然言われて小夜子は驚いたものの、犬の話は聞かされてもいたので、再び捨てるわけにも、保健所に戻すわけにもいかない。

須尚は、ガレージでスノコ板を用いて犬用のベッドを作った。

名前をどうするか？　須尚は小夜子にたずねる一方で、

「こいつはアムレムンだからなあ」

と言った。徳之島の島言葉で「家なし」の意味である。ホームレスの男性に手助けして、家なしの子犬を救った。そこで、ふと、思いついた。

「寅さんの寅はどうだろう？」

日本映画の名作『男はつらいよ』で渥美清が演じる「フーテンの寅」こと車寅次郎からの思いつきである。自ら好き好んで日本全国を放浪する寅次郎と違い、捨てられて放浪せざるを得なかった犬ではあるが、他によい名前も浮かばない。

野生のトラ（虎）ではなく、『男はつらいよ』の寅次郎の寅。名前は「寅」に決まった。

「寅、寅」

須尚は呼びかけ、抱きかかえた。

「お父さん、お母さんがこれから面倒を見てゆくからね」

寅は須尚の顔を舌でなめた。

須尚と小夜子は、夕方から深夜にかけて仕事である。営業を終え、自宅に戻ると、寅はまだ、ガレージの中で起きていた。須尚は焼肉屋から持ってきた肉を与えた。

小夜子は、徳之島から離れて暮らす子どもたちに電話をした。長男の誠は福岡県の大学を卒業後、大手自動車メーカーを経て、沖縄県内で自動車整備工場を営んでいる。長女のこずえは熊本県の大学を卒業後、保育園の先生となり、次女の孝子は奈良県の大学に在学中だった。

「お父さん、寅っていう雑種の捨て犬を保健所から譲り受けて飼い始めたのよ」

この知らせに、みな一様に「お父さん、どうしたの?」と驚いたが、歓迎の意も示した。

この10日間。まさか自分が犬を飼うことになるとは想像もしていなかった須尚である。

寅を見つめながら、一度は見捨てられ、殺処分される寸前の命を自分が、最期まで面倒を見るという責任をひしひしと感じていた。

(檻の中の他の犬は、あのまま殺処分されてしまうのか? 寅が連れ出された瞬間を羨ましく思って見ていたのかもしれない)

他の犬を助けるのは現実的に無理とわかっていても、今もあの檻の中で恐怖を感じて過ごしているのか、と想像すると心が苦しかった。

5

焼肉屋とカラオケボックスを開業するにあたり、須尚は銀行から8000万円の金を借りた。10年返済の約束だが、従業員の給料も含めれば、月に150万円近い支払いがあった。滞ることなく返済はしていたが、寅と出会う前は、

（わが身、明日、どうなるのか？）

と思わない日は一日としてなかった。

支払いが滞れば、銀行に自宅を担保として差し出さねばならない。店を始めたときは、長女のこずえもまだ大学に通っている時期であった。

寅を迎えた今、長男の誠、長女のこずえが社会人として働くようになったとはいえ、次女の孝子はまだ大学在学中で、仕送りも続いている。借金の返済が滞ったら、わが子に迷惑も及ぼしかねない。

昼間は電器屋、夜は焼肉屋とカラオケボックス、年間で一日の休みもない。想像以上に心身への負担は重かったが、弱音は吐けない。吐いたら、小夜子、従業員を心配させるだけだ。

ただ、寅を飼い始めてから、須尚は気持ちが穏やかになるのを感じていた。

仕事と借金の返済で頭がいっぱいだった毎日に、寅とのふれあいが変化を与えてくれたのだ。

（トラウマを抱えた寅を私たち夫婦が癒してやらねば）

と考えていた須尚が、逆に寅によって救われ、癒されていたのである。

須尚の毎日に、寅の散歩という新しい日課が加わった。

飼育の本を読むと、犬にはがんや糖尿病もあり、近年は寿命も延び、15年以上の長寿の犬も多く、足腰の衰えから介護が必要になる例も少なくないという。

（カロリーの消費、健康維持のためにも散歩は必要不可欠なのだ）

と須尚は勉強させられた。

既に7月半ばとはいえ、夏はこれからが本番。夕方は焼肉屋の仕込みもあり、昼間であれば、太陽の強い陽射しを吸い込み、高熱になっているアスファルトや砂浜では寅の足裏が火傷をする恐れも高いため、須尚は早朝、寅を散歩に連れ出した。

（皆さん、同じことを考えておられるのだなあ）

須尚は苦笑いした。涼しいうちに、と犬の散歩をする者と多くすれ違うからだった。見知った顔も多く、須尚は、

「おはようございます。寅と言います。フーテンの寅さんの寅です」

とあいさつをしていく。

「虎毛だからトラじゃないの？　毛が黒味がかってるから、虎毛にも見えますよ」

と言われもした。

須尚が犬を連れて歩いている姿を見て、

「あげーっ！」

と、二人揃って、奄美で驚きを表す島言葉を発して驚いた者らがいた。

長年の島田電器のお得意さんの夫婦だった。こちらも犬の散歩中である。家にたまたま寄り付いた捨て犬に餌をあげたことで情が入り、飼い始めたものだった。

「人一倍きれい好きな島田さんが、まさか犬を飼うとは……」

主人は言う。かつて須尚は主人に「子どもたちが犬や猫を飼いたい、と言っていまして。『お父さんは牛を飼ったくせに』といじめられています」と話したことがあった。

須尚は照れくさそうに、ここに至る寅との経緯を話した。ホームレスを助けたことは亀津では知る人ぞ知る話として広まっており、困っている姿を見たら、いてもたってもいられない須尚の正義漢ぶりを夫婦は強く感じた様子だった。

「犬の飼育の先輩として、いろいろ教えて下さい」

須尚は夫婦に頭を下げた。

犬猫専門の獣医師、動物病院もない徳之島である。万一、寅が大きな病気にでもなったら、どうすればいいのか。

夫婦によると、「沖永良部にいい獣医さんがいる」の口コミを頼りに、フェリーに乗せて沖永良部島に行き、宿泊もして治療を受けた経験者もいるとのことだ。

寅に何かあった場合、沖永良部島か、奄美最大の都市で奄美大島の中心地である名瀬市（現・奄美市名瀬）に行くことも須尚は考えねばならない。

「犬や猫を飼っていれば、交通事故には特に気をつけないとねー。事故に遭ったら徳之島では治療できないから。病気ももちろん、怖いけれど」

夫人が言うと、須尚は反射的にうなずいた。

寅を軽トラックの荷台に乗せて、亀津の自宅から車で10分ほど、7キロ先の伊仙町の喜念浜に行く日もあった。

目の前には太平洋が広がり、幅100メートルの白砂の浜と砂丘が約1キロにわたって続き、キャンプ場も隣接している。観光客にも人気がある。

亀津の街から一番近い白砂のビーチで、美しい日の出も見られる。潮が引くと、沖合のサンゴ礁が現れ、色とりどりのサンゴが花畑のように姿を見せてくれる。

リードを外して、犬を思う存分に走らせることのできるドッグランのない徳之島では、人出のない朝方、あるいは夕方の浜辺がその役割も果たしている。

心地よい海風の中、須尚はリードを外し、寅を思う存分、走らせた。寅は波打ち際から少し海水に浸かって、泳ごうとしている。

夕方、焼肉屋の開店前には、亀津新漁港に連れて行った。

亀津新漁港からほど近い亀徳港の船だまりにも連れて行く。ここの船だまりは、亀津新漁港に比べて一回り小さく、また、入り組んでおり、波の影響も受けない造りになっている。

（泳ぐならば好都合か）

須尚は判断したのである。

漁船を陸揚げするための緩やかな傾斜は、寅が水かきをしての海水浴には格好の遊び場となった。陽射しの強い夏場には、水際から10メートルほどまで一気に喜んで泳ぐ。

ひと泳ぎした後、須尚はいったん自宅に戻り、寅の体を洗う。

島田家の一員となり、寅もリラックスしている様子がうかがえた。

長男の誠は帰省したとき、寅の散歩に同行した。

「寅、ほらっ、お父さんのところにおいで！」

「寅、泳ぎが上手だねー。がんばれっ、がんばれっ」

寅にやさしく話しかける父親の姿に誠は、

（仕事一筋だった父さんがここまでに。丸くなったなあ）

と感じ入った。

「運動公園でウォーキングしている人が多いですが、犬を散歩させている人も多いですよ」

須尚の耳にこんな情報が入ってきた。

徳之島町の中心街である亀津から車で約10分の徳和瀬（とくわせ）地区の高台に、徳之島町総合運動公園、通称、徳之島町健康の森総合運動公園がある。

亀津新漁港で散歩をする寅

海水浴が大好きな寅

野球場、陸上競技場、テニスコート、弓道場、サッカーなどを行う多目的広場、25メートルプール、高さ15メートル、傾斜度45度のパニックスライダーは公共施設では県内一の規模で、直線スライダーのスラロームスライダー、流水プール、幼児プールの各レジャープールがある。公園の外周は約4キロの大きさで、ウォーキングを楽しめる起伏に富んだ遊歩道は約2キロだ。

（毎年10月の徳之島町の町民運動会に顔を出すぐらいで、利用らしい利用はしていないなあ）

と思いつつ、

（散歩の場所も多い方が寅も楽しいだろうな。よし、朝の散歩に連れて行こう）

毎朝、軽トラックの荷台に寅を乗せて運動公園に連れて行くようになった。

運動公園は、遊歩道や芝生内での犬の散歩を禁じてはおらず、起伏に富んだ遊歩道や芝生の上を寅は喜んで駆け、また、寝っころがった。

（街中の散歩もいいけれど、この距離は自分の運動不足にも丁度いい。寅を飼い始めたときから来ていればよかったかなあ）

運動公園の散歩に慣れてくると、寅は毎朝、出発が待ち遠しいのか、地上から90センチの軽トラックの荷台にジャンプして乗り込み、また、運動公園の駐車場では荷台の上でリードを解かれるや、易々と荷台から飛び降りる脚力の強さも見せるようになった。

「なるほどなあ。そうやって暑いときは快適に過ごすのか」

ときおり寅は、須尚を深く感心させる。

夏場の徳之島、ガレージでリードにつながられた寅は、スノコ板のベッドにいつもいるわけではない。

陽射しはガレージに差し込まず、外よりは涼しいとはいえ、室温でも優に30度を超える。隣接する須尚の事務所にはエアコンが入っているが、ガレージにエアコンはない。

床のコンクリートは、ツルツルした艶のある状態だ。これが好都合だった。暑い日には、スノコ板のベッドから降り、リードが動く範囲でコンクリートの床にうつぶせになって休んだ。

「ベッドの上よりコンクリートの床の方が冷たくて気持ちいい、とはなあ。考えるものだ」

寅なりに、快適に過ごす方法をしっかりと選択しているようであった。

焼肉屋とカラオケボックスは、家電量販店が徳之島に参入したことでサイドビジネスとして始めたものだったが、島田電器商会はお得意さんという顧客に恵まれてきた。

須尚が徳之島に帰郷し、島田電器商会を立ち上げたのは、１９７４（昭和49）年である。

１９８４（昭和59）年に創業10周年を迎えたときは、地域の人々への日頃の感謝の意を示すために、公民館に祭壇を一式寄贈した。

葬祭場のなかった当時の徳之島では、葬儀は自宅で行うものだったが、祭壇を葬儀屋から借りる出費は大きく、また、多くの人が弔問に訪れ、準備も大変なため、「地区の公民館でできればありがたいのだが」という要望が大きくなっていた。祭壇一式を買う予算がままならない中、須尚がその長年の要望に応えたかたちになった。

創業20周年のときには、公民館にエアコンを寄贈した。

創業10周年、創業20周年と節目を迎えるたび、大阪で妻子を抱えながら、昼働き、夜は専門学校で学び、映像技術の修得に情熱を燃やしていた1972（昭和47）年頃が今につながったのだ、と須尚は深く考えるようにもなっていた。

2002（平成14）年は創業30周年と位置づけ、同年12月、徳之島町の文化会館を貸し切りにして「島田電器商会創業30周年記念イベント　平和勝次歌謡ショー」を開催し、島の人々を無料で招待した。

平和勝次は、1972（昭和47）年に『宗右衛門町（そうえもんちょう）ブルース』を歌い、200万枚以上のレコードの売り上げを記録した。宗右衛門町は大阪屈指の繁華街。須尚が大阪で過ごしていた時期に大阪から大ヒットした思い出の曲でもある。会場は定員800人の人いきれに包まれた。

寅を家族として迎えてから3年が経過した。2003（平成15）年の9月、焼肉屋とカラオケボックスの経営も順調な須尚は、島田電器商会が開業以来、取引をしている家電メーカーから「亀津にある当社の関連会社のビルを買わないか?」と相談を受けた。

徳之島町役場にも近く、多くの飲食店が周囲に集まる2階建てのビルだった。飲食店として使っていたビルではないが、須尚は新たな設備投資を銀行と相談し、ここで飲食店を興すことにした。

焼肉屋、カラオケボックスと家族向けの店の経営の楽しさを知り、須尚は徳之島で2番目となる回転寿しをオープンさせた。1階を回転寿しの店舗、2階は宴会場である。

寿司職人を雇い、徳之島や奄美大島の沿岸で採れた新鮮な魚、厳しく管理された奄美大島産の養殖魚、さらには鹿児島からもネタを仕入れて提供するこの店を、須尚は「寅寿し」と名づけたのだった。

愛犬の名を冠した「寅寿し」は、2004(平成16)年3月1日に開店した。

しかし、老舗の寿し屋も健在で、「寿し屋で宴会」が定着している中、最初の半年間は順調だったものの、それからは思ったほどの利益が出なかった。

商売において見極めは大切である。須尚は1年で「寅寿し」を閉店した。そして、「寅寿し」の店舗を改装し、1階、2階を賃貸とし、オーナーとして経営する方向に転換した。

寅との生活が始まって3年、4年、5年と時は過ぎる。寅は病気とも無縁で、健康に育ってゆく。

6

毎週日曜日の午前10時から正午までの間に、先祖や両親の眠る墓に参拝するのが須尚の長年の習慣だ。

自宅から車で5分もかからない県道80号線沿い、太平洋の見える高台の墓地である。墓の周囲を清掃し、花や供え物を取り換え、線香をあげて手を合わせる。

（自分が今あるのはじいちゃん、ばあちゃん、父ちゃん、母ちゃんのおかげ。父ちゃん、母ちゃんは8人のきょうだいを育ててくれた。並大抵の苦労ではなかったはず）

奄美には、「神様拝みゅんくま親拝むぃ」という言い伝えがある。島言葉で、神様に願をかける前に、親や先祖を尊び、あがめなさい――の意だ。

須尚は寅も軽トラックの荷台に乗せて、墓参りに連れて行く。近距離ということもあって寅にはリードをつながず、墓参りの間、寅は須尚が戻ってくるまで荷台で留守番をする。

亀津新漁港や喜念浜では軽トラックを停めると、荷台から飛び降りる寅も、場所をわきまえているのか、ここでは飛び降りようとはしないのだ。

「寅は賢い犬よー」

小夜子が散歩に連れ出すと、横断歩道が赤のときは、きちんとお座りをして青になるまで待つのだという。

「寅寿し」が閉店した2005（平成17）年3月には、こんなこともあった――。

ガレージで留守番をする寅のところに、首輪はしているものの、鑑札のないメスのミニチュアダックスフントが現れたのである。

一見して捨て犬に思われた。リードをしている寅は、このメス犬と仲よしになる。2時間ほどじゃれていなくなったが、翌日も、翌々日も〝彼女〟は現れた。

（そうか。今の寅にはお友達がいないんだ。寅にガールフレンドができたな）

須尚は微笑ましく眺め、この犬におやつとしてドッグフードを与えもした。

そんな日が1週間、続いたが、ミニチュアダックスフントの姿は見えなくなる。

3月は役所や企業の送別会、学校の卒業シーズンで、焼肉屋もカラオケ店も連日、満員御礼の大盛況である。「寅寿し」の閉店に伴う手続きもあり、須尚は10日以上、このガールフレンドを忘れていたが、ふいに、

（あっ、保健所にいるのか？）

と思ったのだった。

気になり始めた須尚は、保健所へ向かう。県道80号線の左手には太平洋が広がり、右手に島田家の墓もある墓地も通り過ぎ、保健所が近づいてきた。

（収容されていたら飼ってやろう。それもご縁だ。寅のお嫁さんに迎えようじゃないか）

こう思い、寅を探しに行ったとき以来初めて、保健所の門をくぐった。

かつて応対してくれた職員は鹿児島県本土に異動になっていたが、新たに赴任していた職員に理由を話すと、

「残念ですが、その犬は先週、殺処分されました」

と伝えられた。

須尚は絶句した。

(忙しさに紛れて自分が縁を切ってしまった。申し訳ないことをしてしまった)

自分を強く責めた。

それからしばらくしての朝。須尚が寅の体をシャンプーしようと、準備を始めたとき、寅の姿がない。

これまでも同様のことはあったが、たいていは近くの広場まで行き、すぐに戻ってきた。

(いつもの場所に行っているな。すぐに戻ってくるだろう)

須尚は思うが、この日に限っては例外だった。

焼肉屋の営業が始まるまで、近隣を探すが見当たらない。

(あのミニチュアダックスフントを探しに行ったのか?)

焼肉屋の営業が終わってからも、自宅周辺を探すが、その姿はない。

深夜だけに「寅！　寅！」と名前を呼んで探すのは、迷惑がかかる。

寅が行方をくらましてから2日後の深夜。

焼肉屋の営業を終えて自宅に戻る途中、須尚は寅が5匹ほどの犬を引き連れて歩いているのを見つけた。

「寅ッ！」

車を停めて降りた須尚は声を上げた。

寅は須尚の声に反応し、すぐに駆け寄って来た。そのとき、他の犬が、どういう反応を示したか、は確かめる間もなく、須尚は寅を抱え上げ、軽トラックの荷台に乗せて自宅に戻った。

「寅なりにとても寂しかったんだな。寂しさを紛らわしたくて家出をしたのだろう」

須尚は助手席の小夜子に言った——。

「焼肉　遊楽館」「カラオケ　遊楽館」の経営に転機が訪れたのは、開店から10年目を迎えた2005（平成17）年11月だった。

遊楽館ビルに対し、土地も含めてビルを売って欲しい、という依頼が須尚にあったのである。このとき、地元資本の建設会社が、徳之島最大規模のホテルを遊楽館ビルの横に建設し、この年の4月にオープンさせていた。

ホテルは地上7階、と徳之島で最も高い建物となった。徳之島で初めてとなる大規模かつ本格的なヨーロッパ調の結婚式場を設け、客室の半数以上は太平洋を臨むオーシャンビュー、島の新たな社交場となっていた。

ここに「カラオケ　遊楽館」の施設が加われば、帰省客、観光客にとって理想的な娯楽施設になる。遊楽館ビルをそのまま買い取り、新たな付加価値を付けたい、ということだった。

2つの店は10年目に入り、銀行への返済も順調。経営を継続する上で不安は特にない。徳之島を代表する建設会社からの依頼は大きなビジネスである。それも、自らが興したカラオケボックスを生かす方向なのだから、須尚の商才が認められたことにもなる。

約1年の話し合いを経て、須尚は徳之島の観光業、ホテル業の発展のために協力する、と了解した。

遊楽館ビルがあったからこそ、ホームレスの男性を救い、寅との出会いもあったが、徳之島の人々のお役に立てるならば喜んで、という気持ちに須尚はなっていた。

（焼肉屋、カラオケは10年で一区切り。10年間、半日仕事にしてきた電器屋の仕事をフルタイムに戻しなさいよ、という天の声だな）

須尚は新鮮な気持ちになっていた。

サイドビジネスに着手したのは、徳之島に本土の家電量販店が参入してきたからだった。しかし、今や、その家電量販店は撤退し、別の量販店が参入している。そんな大きな力に圧倒されないのは、町の電器屋の力がまだまだ徳之島では強かったからだ。

それから寅との日々を重ねること7年――。須尚は、ラッキーと名づける捨て犬と出会うのである。

第3章　家　族

1

「来年もどうぞ、よろしくお願いします」

クリスマスも終わり、残す日もあとわずか、明日が官公庁のご用納めとなる２０１２（平成24）年の12月27日だった。

須尚は島田電器商会の名前の入った12枚つづりのカレンダーを手に、取引先や得意先、友人宅を回った。

夕方、須尚は幼なじみの牛小屋を訪れた。そこには、１トンを超える闘牛用の牛が飼育されている。見ると、手のひらに乗るほどの大きさの子犬が段ボール箱の中で寝ていた。

哺乳瓶が置かれ、犬用のミルクが与えられていた。

「犬を飼い始めたの？」

須尚が聞くと、

「実は困っていてね」

友人は話し始めた。

牛小屋は、須尚の自宅からも近い亀津中学校の裏手にあった。小屋の後ろはうっそうとした藪だ。舗装されていない道が一本あるが、旺盛な繁殖力ある植物によって、おおい隠されている状態だった。子犬や子猫を捨てる者にとっては、好都合な草の茂り具合である。

とはいえ、ハブも頻繁に現れる場所で、犬や猫がハブに咬まれ、行き倒れとおぼしき死体もこれまで見かけられていた。

11月末の夕方のこと。牛小屋で世話をしていると、クィーン、クィーンという鳴き声が藪の方からかすかに聞こえてきたのだという。

(これは子犬だな)

牛小屋に寄りついた犬には、手元にある食べ物を与えるが、藪の中へ入ってゆくのは危険がある。

思案していると、知人がたまたま牛小屋に顔を出し、その鳴き声を耳にした。

「よし、ちょっと行ってくる」

知人は藪の中に入っていった。

周囲に注意を払いながら、30メートルほど進んだ場所のガジュマルの根元に5匹の茶色の子犬が身を寄せ合っていた。知人は冷たくなりかけた5匹を両腕で抱えるようにして、牛小屋に戻った。体温が下がっている中でも、母親を求めているのか、懸命に鳴いている。

ところが、小屋に戻ると鳴き声がまだ藪から聞こえている。再び藪に入り、声のする方向に耳を澄ませると、さらに10メートルほど奥に同じく茶色の2匹を見つけた。こちらも冷たくなりかけている。両手に乗せて牛小屋に戻った。

生後何日かはもちろんわからず、まだ、目も開いていない。友人とその知人2人はタオルで犬を温め、知人は急いでホームセンターへ犬用のミルクを買いに車を走らせた。

中型犬は4～8匹の子犬を出産する、と言われている。生まれたばかりで、親犬から引き離されてここに連れて来られたのか。ハブの危険もある中で、藪に入るのも不自然なものがある。身ごもったまま捨てられたか、捨てられた犬同士が交尾し、メス犬が藪に入って出産したのか――。

母犬は7匹を産んで母乳も与えていたが、自分も水や餌を取らなければ、と歩き出してしまったのではないか。空腹を少しでも満たして戻ってきたとき、母犬はハブに襲われ、亡くなったのではないか――と推測された。

段ボール箱に入れ、ミルクを与えるものの、元気に飲んでいるのは後から見つけた2匹だけだった。タオルを追加して温めるのに懸命となるが、これが正しい方法なのかどうか、友人も知人もわからない。

「こんなとき、犬の獣医がいたらなあ」

友人は詮無いこととは思っても、知人にそう嘆いた。

いつ生まれ、どれだけ野外にいたのかはわからないが、藪ではない平地であれば、畑であれ、港などであれ、ハヤブサや渡り鳥のサシバの鋭い爪に襲われていた可能性も考えられた。

翌朝。6匹が息絶えていた。元気よくミルクを飲んでいたオス犬は、容体が安定したようで、昨日のように鳴きもしない。

亡くなった犬6匹は知人が、自分の畑に埋めた。黒糖焼酎で周囲を清め、線香を6本立てて手を合わせた。

生き残ったのは1匹だけ。目を開けたのはそれから10日後だった。

友人は飼ってくれる人を探すが、思うようにいかない。

須尚が保健所に収容されていた犬を救い出し、寅と名づけ、回転寿し店の店名にまでしたことは亀津では有名な話である。友人にしても、

「その島田さんが、もう1匹飼ってくれるかも」

と、までは考えなかったが、そこに須尚が現れたというわけだった。

「犬を既に飼っている人には頼みにくいが」

友人はそう言った。須尚は、すやすや眠る子犬の姿を見て、

「お前さんは牛も飼っているし、犬の世話までとなると手に余るだろう」

と心配する。

（寅にも、こんなに小さな頃があったのだな）

須尚は考えながら、

「ウチで飼うべきかなあ。でも、寅がおるしなあ……」

と腕組みする。

保健所に迎えに行きながらも、既に処分された後だったミニチュアダックスフントの苦い経験を思い出していた。

（あのときは助けてやりたかったが、できなかった。縁を自分が切ってしまった、と自分を責めた。今、目の前のこの犬と自分は縁がある、と言えるのだろうか？）

「飼ってもらえたら、こっちは安心なのだが」

友人は本音を述べた。

「寅は自分の一存で保健所から引き取って飼い始めたが、この犬を飼うなら、女房におうかがいを立てなければならない。ちょっと預かって、女房の感触を確かめてくる。あまり期待はしないで欲しい」

子犬を段ボールごと預かり、軽トラックの助手席にシートベルトで固定し、自宅に戻った。

（血のつながりはなくとも、寅に弟がいてもいいのかもしれないな。この犬を再び野に放すなんてできんし。放したら死んでしまう。保健所に連れて行くなんてとんでもない）

ハンドルを握りながら、須尚は考えた。

夕食の準備をする小夜子に須尚が、手のひらに乗っている子犬を見せた。

「どうしたの、そのワンちゃん？」

須尚は今、聞いてきた話をかいつまんで話した。小夜子は犬の体をなでながら聞いていた。

「ウチには寅がおるが、もう1匹飼うべきか。寅は自分の独断だったが、今度はお前さんの意見も聞かないと、と思って、とりあえずはこうして預かってきた」

生まれてまだ1カ月ほどか、と思われる子犬の表情は愛くるしい。

「かわいいわねえ。寅もかわいいけれど、子犬ってこんなに小さくて、かわいいのねえ」

小夜子は笑顔だ。かわいい、かわいい、を連発している。

「親もおらん、きょうだいもおらん、天涯孤独っていうやつだ」

須尚がこう口にしたとき、

「飼えばいいじゃない。このままじゃ、可哀想よ」

小夜子が言った。寅を飼い始めるときは不安も抱いた小夜子だが、犬がいることで日々得られる喜びが大きくなっていたのだった。

小夜子の態度は、須尚にとって予想外だった。よい意味で、拍子抜けである。

5分もかからず、島田家の新たな家族として迎え入れることになった。

2

島田家に、哺乳瓶で子犬にミルクを与える光景が生まれた。一日のほとんどの時間を寝ている子犬の姿にはかわいらしさが溢れている。

名前をつけなければならない。須尚は小夜子に、

「親もおらん、きょうだいもおらん。みなしごの身で私らのところに来た。そうだ、ハッチはどうだろうか?」

と思いつきで言った。

1970年代に放映されたテレビアニメ『昆虫物語　みなしごハッチ』から思い浮かんだのだ。このアニメは、スズメバチに襲われて母と離れ離れになった主人公であるミツバチのハッチが、母を探して苦難の旅を続ける物語である。

「あっちゃー」

小夜子は、とんでもない、を意味する島言葉を口にして首を強く横に振ってから、

「〝ラッキー〟でいいじゃないの」

と提案した。

「ほお、ラッキーか。〝幸運〟の意味だな」

須尚は感心した。小夜子は、手のひらサイズの子犬を膝の上に置く。

「本当に可哀想な犬だけど、助かったのは幸せなこと。私たちの家に来たことが、この犬にとって幸運なものとなれば。私たちが幸せにしてあげなくてはね」

なるほど、と須尚はうなずいた。

「愛情をたっぷり注いで、この犬を幸せにしなくちゃいけないな。そうすることで、私たちも幸せな気持ちになれるだろう。よし、ラッキーに決定だ」

小夜子の両手からラッキーは、須尚の両手に渡された。

ラッキーのために、スノコ板のベッドも作らなければいけない。ガレージに連れて行き、寅のベッドの上にラッキーを乗せる。初の対面だ。

「寅、弟だぞ。ラッキーだ。ラッキー、お兄ちゃんの寅だぞ。仲よくしてくれよ」

須尚が話しかけると、寅は警戒する様子もなく、頭をラッキーにくっつけ、その顔をなめた。ラッキーも嫌がる様子を見せない。親もきょうだいもこの世にいないラッキーにとって、愛情を与えられる場所に導かれたのはまさに〝幸運〟だった。

ベッドが完成するまで、ラッキーは寅と一緒にいた。完成したベッドは、寅の隣に置かれたが、寅がラッキーのベッドに移動して、寄り添った。

「いいお兄ちゃんだぞ、寅。お前もうれしいんだな。お父さん、お母さんも頼りにしているぞ」

須尚は笑顔になり、小夜子も見守った。

「お友達のいない寅にとっても、ラッキーを迎えたことは好ましかったわね」

生まれたばかりの犬を散歩に連れ出すのは、3回にわたる混合ワクチン接種を終えた生後4カ月を過ぎてから、と言われている。散歩は、出会う人や他の犬、行き交う車や自転車、山や海も含め街並みも見せて、地域社会を学習させる意味もある。それまでにしておかなければならないことは多い。

犬の飼育の本、ネット上の情報で須尚が得たものとして、生後1カ月で乳歯が生え始めるまで、子犬用のミルクを与え、乳歯が生えてきたら子犬用のドライフードを湯か子犬用のミルクでふやかして離乳食として与える。生後4カ月までに、ドライフードを固いままでも食べられるようにしなければいけない。

小夜子と手分けして、ラッキーにミルクの世話をする。傍にいる寅に、

「お前はいつ捨てられたんだ?」

と話しかけもした。

それぞれにベッドはあるが、どちらかのベッドで2匹が寄り添って寝ている姿はかわいらしく、夫婦で微笑ましく見つめた。

「あけましておめでとうございます。寅の弟がわが家に来ました。名前はラッキーです」

2013(平成25)年元日、小夜子はラッキーの写真を貼付した携帯メールを、沖縄県中頭(なかがみ)郡嘉手納(かでな)町にいる長男の誠、大阪にいる長女のこずえ、東京にいる次女の孝子ら、年末年始、

徳之島に帰省できなかったわが子に送った。

誠は送られてきたメールに驚き、妻のあずさに見せた。

「父さんがもう1匹、犬を飼い始めたって。本当に人間が変わったなあ。びっくりだ」

誠が勤めていた自動車メーカーを退職し、縁もゆかりもない沖縄県に移住したのは1999（平成11）年だった。

（沖縄には、世界中の車がある。販売店では取り扱わないメーカーの車の整備、修理も自分は工場を構えてやってみたい。どんな車でも整備、修理をしてみせる）

車の整備士として誠は独立したのである。

沖縄県には、東洋最大の米軍基地である嘉手納飛行場をはじめ多くの米軍基地がある。嘉手納飛行場は約4キロの滑走路が2本ある米軍の極東戦略における最重要基地だ。

軍人、軍属及び家族ら基地関係者の多くは沖縄で自動車を購入するが、海外から日本に持ち込む場合もある。輸入販売されていない車種も少なくない。

（出会ったことのない車に出会える場所が沖縄だ。自分の力を試してみたい）

誠は蓄えた貯金を元手に、嘉手納町に隣接した沖縄市知花（ちばな）に自動車整備工場を構えた。

エンジンにトラブルがあれば、エンジンを降ろして分解する。経年劣化した部品が入手できなければ、旋盤を用いて自分で作る――腕が悪ければ、次の仕事もない世界だ。自信がなくてはやっていけない。

だが、幸いにも誠の力量は沖縄で認められていく。

南北に細長い沖縄本島は鉄道がなく、車を持っていないと生活が成り立たない車社会だ。必然的に〝車好き〟も多い。一方で、輸入車のディーラーには、主要都市には事業所やショールームを構えていても、沖縄には置かないところもある。取り扱いのない車種が欲しければ、本土に行って購入の手続きをするか、沖縄の販売業者に労を取ってもらう必要がある。

そうして沖縄にやって来た外国車の細かな修理も、誠の仕事になっていったのだった。安定したサラリーマン生活を捨て、自らの力を頼りに工場を構えた誠は、こう思ったものだ。

（自営業は父さんの影響だ。父さんのように自分で考えて仕事をするのは大変だ、自分は真似したくない、と思っていた時期もあったけれど、やっぱり親子の血だ）

仕事も順調な中、２００８（平成20）年には、2年前に沖縄で知り合った東京出身のあずさと結婚する。誠は結婚前から捨て犬を3匹飼っており、あずさは猫を1匹飼っていた。犬派の誠、猫派のあずさ。仲睦まじい夫婦関係に似て、ひとつ屋根の下で犬と猫の間柄も穏やかなもの、あずさと義父である須尚とも良好な関係で、時々、電話をしていた。

沖縄と徳之島はカーフェリーの航路でつながっている。那覇港を朝7時に出港すれば、午後4時半には徳之島の亀徳港に到着するが、誠の仕事はなかなか忙しく、徳之島への帰省は毎年とはいかなかった。以前の帰省の折、寅に会い、「遊楽館」にも行ったが、「寅寿し」にはとうとう行かずじまいだった。

「近いうちにラッキーに会いに行きたいわね」

あずさの言葉に、誠もうなずいた。

3

1月末に生後およそ2カ月。お尻を振りながら歩くラッキーの様子は、なんともかわいらしい。

1歳に満たないラッキーに対して、寅は12歳。生後3カ月になればラッキーは人間の5歳ぐらいだが、寅は64歳ぐらい、ほぼ〝祖父〟と〝孫〟ほどの年齢差はあるが、大の仲よしである。

生後4カ月を迎えた3月、「狂犬病予防ワクチン接種のおしらせ」の案内が徳之島町役場から届いた。徒歩5分ほどの亀津児童公園で、1匹あたり3000円で行われる年中行事である。

(今年はラッキーも連れて行かないとな)

須尚は、2匹をリードでつなぎ、向かった。公園に着いてみて、

(あっ、忘れていた!)

と気づいた。年末、官公庁のご用納めの前日にラッキーを飼い始め、そのまま年が明けたが、町役場の住民生活課への登録をすっかり忘れていたのである。

しかし、住民生活課の職員も来ており、犬の登録もこの場で行っているとわかった。

島田家の一員となったラッキー。2013（平成25）年２月の姿

須尚は手続きを行う。犬の生年月日を和暦で記載する箇所があった。

（寅を登録するとき、書いたかなあ？）

須尚は思い出せない。

（生年月日といっても、正確な日時はわからないしなあ。11月末生まれのようだが）

須尚は捨て犬をもらってきた事情を話すと、

「おおまかな日付で構いませんよ」

と言われた。

不明と書いてもよいようだが、それではラッキーに申し訳ないように思えた。

（11月のいつ頃だろうか？　去年は平成24年か）

須尚の誕生日は、昭和24（１９４９）年11月５日である。

（そうだ！　昭和と平成の違いはあるけれど、ラッキーの誕生日も11月５日にしよう。それならば、自分もラッキーの年齢を忘れることはない）

ラッキーの生年月日は平成24（２０１２）年11月５日となった。鑑札番号は「徳之島町　第０１０７３号」。首輪に、黄色の鑑札と狂犬病予防注射済票が取り付けられた。

ガレージのシャッターを開け、リードにつながれている日中、寅は島田家の番犬となるが、ラッキーも寅に学んだのか、人が近づくと吠えるようになる。

須尚は、寅とラッキーを軽トラックの荷台に乗せ、亀津新漁港や運動公園、喜念浜に連れて行き、リードを外して思う存分に走らせてやった。

ラッキーが日々成長し、脚力に力強さも増しているのを須尚が実感する中、寅の脚力がラッキーに及ばなくなっていく現実も目の当たりにした。

（寅だけを見ていたときは気づかなかった。寅は老いていたのか）

駆け戻ってきた2匹にそれぞれドッグフードをご褒美にあげ、首筋をなでながら、須尚は考えさせられた。

自宅では番犬ともなる寅とラッキーだが、公共の場は無闇に吠えない利口な犬たちである。

（寅がお兄ちゃんとして、犬の言葉でラッキーに教えているのかもしれない）

須尚は考えたりもする。もし、運動公園などで頻繁に吠えるようなら、須尚もどれほど困ったことだろう。

老いた寅がラッキーよりも元気な姿を見せるときがあった。亀徳港の船だまりで泳ぐときだ。

ラッキーが島田家の家族の一員となって半年を迎えた7月。徳之島のサンゴ礁の海が輝き、日中、強い陽射しで30度を優に超える真夏日が続く中で、須尚は夕方、寅とラッキーを亀徳港の船だまりに連れて行き、海水浴を楽しませた。

日の入りは午後7時過ぎと遅く、午後5時半過ぎはまだ真昼の明るさである。

寅が元気よく泳ぐのに対し、ラッキーは戸惑っていた。寅も気づいたのだろう、ラッキーに寄り添って泳ぎ、ラッキーも見よう見まねで犬かきを始める。

それからはラッキーも徐々に海水と船だまりに慣れ、8月に入れば、足の着かない場所でも犬かきで泳げるようになり、寅よりも先に泳ぐようになる。寅が立ったまま、ラッキーを見守る姿も見られるようになった。

（人間の子どもと同じように成長してゆくんだな。寅にしても、ラッキーがたくましくなってゆく姿をうれしく感じているのだな）

須尚はそう思い、30分ほどの時間、2匹が遊ぶ姿を見つめた。

気温が高い日にガレージで過ごすとき、寅がベッドから降りてツルツルしたコンクリートの床上にうつぶせになると、ラッキーも真似をする。こんな日はベッドから降りて、床の上で過ごした方が気持ちいいよ――と寅はラッキーに教えているようだった。

4

ラッキーの散歩を始めて5カ月、役場に届けた生年月日で数えれば、生後9カ月となる2013（平成25）年の8月。

朝、運動公園の駐車場に須尚が軽トラックを停めるなり、1匹の白い犬が現れるようになった。白い犬といっても、その体は薄汚れている。

運動公園は周囲を土手に囲まれた山の中にある。この土手に、多くの犬猫が捨てられている

亀徳港でラッキーの泳ぎを見守る寅

軽快に泳ぐラッキー

ことを須尚は運動公園に通い始めて間もなく知った。

「生後間もないものもいれば、ある程度の年齢のものもいる」

「土手の向こう側、山に行く舗装道路沿いに建設会社がある。そこの人たちは寛容で、倉庫の庇（ひさし）の下で雨露をしのぐ犬猫たちに餌を与えている」

電気屋の得意先からそんな話を聞いたのだ。

施しを受けられるのは、自力で動ける犬猫だけだ。

生まれたばかりのものであれば、その場で力尽きてしまうのは須尚にも想像できた。

ラッキーのきょうだいはまさにそうであった。

餌を与える建設会社の社員も、犬にリードや鎖を付けて面倒を見ているわけではない。

（日中動けるものや、建設会社には近寄らない犬猫は周囲を徘徊して、自力でネズミや鳥などを捕まえて食べているのではないか）

須尚は、そのように想像した。

「野良犬がいる。迷惑だ」と住民が町役場や保健所に通報すれば、行政は狂犬病予防法に基づき、捕獲しなければならない。建設会社の周囲には住宅がなく、また、運動公園に直接、降りてくる犬猫は限られているようで、今のところ、通報する者はいない様子だった。

白い犬は、須尚の軽トラックが停まると、毎日、土手から降りてくるようになった。ラッキーの後ろをついて歩き、じゃれるようにもなったのである。

すぐ近くから見て、須尚は、

（雑種のメスだろう）

と思った。赤い首輪はしているものの、鑑札は見られない。

（捨て犬なのだな。建設会社に住みついているのだろうか）

この白い犬は寅にはまったく関心を示さない。何歳かはわからないが、土手を楽々と登り降りする脚力からすれば、ラッキーと同年齢か、少し年上ぐらいか。

（寅より随分と年下なのだろう。寅がおじいちゃんだから、相手にはしないのか）

須尚はラッキーと白い犬を見比べつつ考えた。寅の方は割って入ろうとはしない。

通常、生後7カ月を過ぎれば、メス犬には半年に一度の周期で発情期がやってくる。オス犬には明確な発情周期はないと言われ、生後11カ月を過ぎたら、一年中、交尾が可能となる。それを須尚は犬の飼育の知識として知ってはいた。

（この白い犬は発情期なのか？ ラッキーも性成熟を迎えつつある。去勢手術をするにしても、この島に犬猫専門の獣医さんはいないし、寅も去勢手術はしなかったが、ミニチュアダックスフントと仲がよかったのは、交尾をしていたからだったかもしれない。その後の家出も、発情期が関係していたのかもしれない）

思い出しつつ、須尚は考えた。

散歩を一通り終えると、ドッグフードを手のひらに載せ、寅とラッキーの口元に持っていった。須尚は白い犬にも与えようと試みた。だが、須尚に近寄る気配は見せない。

「おいで、おいで」

屈んで手招きをしても無反応で、ラッキーの周囲にたたずむだけだった。吠えたりもしない、おとなしい犬である。ただ、一定の距離を須尚に対して取り、近づこうとはしないのだ。須尚から接近すると、白い犬は遠ざかるだけである。

須尚は仕方なく地面に餌を置き、その場から離れ、見守るしかなかった。白い犬は入念に匂いを嗅いでから口にした。

（慣れるまでは仕方ないか。名前をつけてみようか）

須尚は、シロと名前をつけ、シロ、シロと呼び掛けてもみた。

10月。生後11カ月となるラッキーは朝、公園の駐車場に到着し、リードを外されると自ら軽トラックの荷台から飛び降り、シロが降りてくる土手へ向かって駆け寄るようになった。老齢の寅は須尚の手で荷台から降ろしてもらうしかない。土手からシロが降りてくるや、ラッキーは互いに顔をなめ合うようなった。

（ラッキーにとって、お友達はこのシロ以外にいないわけか）

微笑ましく思うものの、去勢手術の必要も改めて考えた。

ラッキーとシロの仲は深まるばかりである。しかし、シロは須尚が地面に置く餌は食べても、警戒して近づかせず、体に触れさせもしない。

（洗ってやれば、きれいになるのになあ）

　こう思いもするが、須尚は苛立ちは覚えなかった。むしろ、

（ある程度の年齢まで育てられてから捨てられたのだろう。飼い主に見捨てられた記憶が生々しく残っているのではないか。家族の一員として楽しい時間を過ごしたから、捨てられたのがどうにも悔しくて、人間への不信感が捨て切れないのに違いない）

と同情を抱くようにもなったのである。

　徳之島の周囲は約84キロ。シロは車で運ばれて来たのか。何十キロも離れてしまえば、動物の帰巣本能をもってしても、かつてのわが家がどこなのか、わからないに違いない。

　仮に戻れたとしても、迎え入れてはもらえない運命を悟っていたのかもしれなかった。

　須尚は、シロの複雑な〝心境〟を想像したりもするのだった。

第4章　生と死のはざま

1

毎週日曜日、ラッキーは寅と一緒に須尚の墓参りに同行していた。

自宅からわずかな距離であり、墓の清掃が終わるまで、そのまま軽トラックの荷台で留守番である。須尚は寅、ラッキーの首輪にリードはつないでいなかった。

夏場は清掃が終わると、亀徳港の船だまりに行って遊ばせていた。

9月から10月にかけて、台風が3個、奄美地方を通過した。

11月に入り、徳之島は日中の陽射しが強い日はあるものの、それでも7月、8月に比べればクーラーを入れる日は限られ、秋らしさも感じられる。

島田家の一員となって11カ月、ラッキーは間もなく1歳を迎える。

11月3日の日曜日の夕方。翌日は月曜日だが、3日の「文化の日」の振替休日であり、土曜日も入れれば3連休の中日である。

あいにく、この日曜日は午前中から午後にかけて電器屋の仕事が入り、本来であれば、午前中の墓参りと掃除も、夕方、午後4時半少し前になってしまった。日の入りは5時15分頃で、須尚は急いで墓の掃除に取り掛かった。

「寅、ラッキー、待っとってね」

須尚は、いつものように声を掛けた。

日の暮れかけた5時少し前、清掃を終わらせ、荷台に目をやった須尚は動揺した。

寅はいるが、ラッキーの姿が見えないのだ。

これまでの墓参りでは、一度としてラッキーが荷台から飛び降りたことはなかった。須尚は異変を感じた。軽トラックに駆け寄り、ラッキーが荷台の上で横たわっていないか、を確認してから呼ぶ。

「ラッキー！　ラッキー！」

近くを散歩しているのか、と思いつつ、名前を呼びながら探してみたが、戻って来る気配がない。

薄暮時の県道80号線を、ヘッドライトをつけて走る車が須尚の目に入ったとき、

（もしかしたら！）

とドキリとした。

不安は的中する。

県道に出ると、上り車線となる海側の歩道にうずくまるラッキーが見えたのだ。須尚が今、立つ場所から200メートルほどだろうか。車の往来に気をつけながら、須尚は駆け寄った。ラッキーを抱きかかえた。

後ろ足を力なくダランとさせたのを見て、須尚は声を上げた。

「あっ！」

自力では歩けない状態がわかったのである。

（下半身をはねられたに違いない）

須尚は考えを巡らせた。

徳之島には畜産用の牛、闘牛用の牛のための〝牛専門〟の獣医はいるが、犬猫専門の獣医がいない。ペットが交通事故に遭えば、動物病院に駆け込んだり、往診を依頼するのが普通だろうが、須尚にはその選択肢がないのである。

保健所には公務員獣医師がいるにせよ、犬猫には対応していないと聞いた。

徳之島では手の施しようがない。

途方にくれたまま、軽トラックに戻り、ラッキーを荷台に乗せて自宅に戻った。

スノコ板のベッドに横たえると、ラッキーは立ち上がろうとはするが、後ろ足が使えないため、前足で前進しようとするのがやっとである。

須尚が見る限り、出血もなく、体の腫れも見当たらない。口から血を吐かず、吠えもしないラッキーから、痛みに耐え兼ねているようにも見えない。

だが、明らかに目には力がない。

（後ろ足の関節が脱臼しているのか？　麻痺して痛みすら感じられないほど神経を痛めてしまったのか？）

言葉を口にしない犬だけに、須尚は考えれば考えるほど、悩むだけだった。

これまで墓参りでは、一度として荷台から飛び降りたことがなかったラッキー。ラッキーは1歳を迎えたばかりである。その年齢を須尚は考えた。

（あの歩道に、メス犬でもいたのだろうか？　本能的に追いかけたのかもしれない。県道を横切るとき、下半身が車かオートバイにぶつかったのではないか）

当たり所が良かったのか、悪かったのか——腹部の方にずれて当たっていたら、跳ね飛ばされ、道路に叩きつけられて即死であったか、内臓破裂で口から血を吐き、痛みに苦しみつつ、既に死んでいたかもしれない。

（事故の直後は前足を使って、歩道まで体を引きずっていったのだろうか）

あれこれ考えるが、いつもは午前中に行っている墓参りを今日に限って夕方に変更し、事故に遭わせてしまったことを悔やんだ。

（リードを付けておくべきだった。墓参りのときは荷台から飛び降りるわけがない、と思い込

んでいた。油断が事故を招いたのだ）

４日の月曜日。世間は３連休の最終日でも、須尚には電器屋の仕事が入っている。朝から夕方まで仕事に追われた。ラッキーのために何もできず、一日が終わった。妻の小夜子も身動きが取れない。

大便、小便とも、ベッドの上で垂れ流し状態である。肛門の周囲だけでなく、尻尾も大小便で汚れている。ガレージにいるときは、夜、寝ているときでも、ベッドを汚してはいけないと、コンクリートの床の上で排せつをしていたラッキーである。ベッドを汚してしまうということは、排せつを我慢するのに必要な神経、筋肉を痛めてしまったのだろうか。

不幸中の幸いとも言うべきは、ラッキーに食欲があり、また、睡眠がとれたことである。

（痛みがあれば寝られないはずだ。麻痺していて痛みを感じないのか）

須尚は考えるばかりだった。

2

連休が明けた11月５日の火曜日。この５日は須尚の64回目の誕生日であり、ラッキーの１歳の誕生日だったが、それらを感じる心の余裕は須尚にはなかった。

須尚は徳之島町役場に電話をした。

交通事故から3日目である。住民生活課に問い合わせ、事情を伝えた。

「この徳之島で今できるのは、牛が専門の獣医さんの診察しかないでしょう」

という返事だった。

獣医の連絡先を教えてもらうが、夕方まで往診の予約が詰まっているとのこと。午後6時、町役場の駐車場で待ち合わせ、となった。

街路灯が照らす中、話を聞いた獣医は、須尚にラッキーを抱えさせ、後ろ足がダラリと下がった姿を確認する。

「脱臼ではないでしょう。背骨が折れているのでは」

須尚にとって予想もしていなかった言葉だった。

「背骨の中の神経、つまり脊髄になりますが、脊髄が完全に、ではなくても、切れているから麻痺している可能性があると思います」

「どうすればいいでしょうか?」

「申し訳ないですが、犬が専門ではない私ではどうにも手に負えません。自分にできるのは、せいぜい痛み止めの注射ができるぐらいです」

(何もしないよりはましだろう)

須尚は受け止めるしかなく、背中に痛み止めの注射をしてもらった。その姿を見るのは辛く、目を閉じた。

往診代と注射代合わせて4000円だった。途方にくれる須尚に獣医は言った。

「島田さん、犬猫の動物病院もない徳之島では、もう手の施しようがない。手術をしても、もう歩けないかもしれません」

「………」

「どうでしょうか。保健所に事情を話して安楽死させてもらっては」

想像もしていなかった言葉がまたもや飛び出し、須尚はギクリとした。

安楽死させるとは、動物愛護管理法が定めている犬や猫の飼い主が都合により、最後まで面倒を見ることができなくなった場合の「引取り」である。

「事故に遭い、治療もできません。面倒が見られませんので引き取って下さい」

そう伝えれば、翌日に殺処分される。1日とはいえ、あの檻の中で過ごさせるのだ。

「島田さん、この犬はこのまま自然治癒するとは思えません。犬の寿命は15年と言われています。この犬は1歳とのことですが、四六時中、介護ができますか？　その覚悟はありますか？」

「………」

「この犬は雑種ですよね」

「ええ、元は捨て犬でした。7匹のうち、この子だけが生き延びました」

「獣医でありながらも、こう申し上げるのは批判を受けるかもしれませんが、血統書があり、大金を払った犬ならばともかく、雑種の捨て犬であれば……。徳之島では治療のしようがないのですから」

　タダで手に入れた犬なのだから、安楽死をさせる方が決断としては楽、と言ったのだった。

　須尚は自宅に戻り、ベッドにラッキーを横たえた。ガレージのシャッターを閉める。寅のリードを外すと、寅がラッキーに寄り添った。

　異変を察知しているのか、ラッキーは寅と須尚を交互に見つめた。ただし、目に力はない。言葉を持たないラッキー。ラッキーのまなざしに、

（殺処分なんて、絶対にできない。許されることではない）

　須尚は何度も自分に言い聞かせ、恥じ入った。

（ラッキーは島田家の大切な一員、と口では言いながら、病気やケガをしたときのことを自分は考えていなかった。まったく考えていなかった。飼い主として失格だ）

　小夜子がガレージに入って来た。須尚は獣医の言葉を伝える。須尚が話し終えるまで小夜子は黙っていた。

「獣医さんにも一理あるじゃないの」

　須尚はこの言葉が意外だった。

　自分と同様の気持ちのはず、と須尚は話しながら考えていたからだ。しかし、次のように小夜子に言われては返す言葉がなかった。

「どうやって治療をするかは別問題としても、これまでのように歩けない、走れないというな

ら、安楽死をさせてあげるのも親心ではないの？　あなたの不注意でこうなったにしても、電器屋の仕事で外出も多いあなたが、これからも、そんなラッキーにつきっきりで介護できるの？　今の倍以上の時間をラッキーに費やすことになるわよ。それも何年もよ」

須尚は寝るに寝つけず、事故から4日目となる11月6日の水曜日の朝を迎えた。寅だけを運動公園の散歩に連れ出す。この日も、須尚は電器屋の仕事が詰まっている。

安楽死を進言され、小夜子にああ言われたものの、須尚には、

（犬猫専門の獣医に診てもらえば、ラッキーは元のように歩け、走れるようになるはず）

との思いがあった。犬猫にとって、徳之島は無医村ならぬ無医島である。

（徳之島を出れば、安楽死とは言われないのではないか？　誰かに相談できないものか？）

犬や猫の体調が悪くなったとき、「沖永良部にいい獣医さんがいる」との口コミを頼りに、フェリーに乗せて徳之島から沖永良部島に行き、治療を受けた話は聞いてはいた。

仮に沖永良部島に行ったとしても治療してもらえるのか、診察した後、「手術は難しい」と言われ、無駄足に終わるかもしれないのだ。須尚は悪い方向へと考えてしまう。

昼過ぎ。軽トラックで海沿いの道を運転しているときだった。沖合に大小の船が往来しているのが須尚の目に入った。そのとき、須尚は閃いた。

（沖縄に送ろう！　フェリーに乗せて運べばいい！　誠に出迎えを頼もう！）

息子の誠は沖縄県の嘉手納町に住み、沖縄市で自動車整備工場を営み、結婚当初は夫婦で犬

を3匹、猫を1匹飼っている、それも犬は捨て犬だったと須尚は聞いていた。

（徳之島と沖縄のフェリーでは、貨物扱いで闘牛用の牛を頻繁に運んでいる。犬だって運べるはずだ。誠が懇意にしている獣医さんもいるはず。自分は同行できないが、那覇港でラッキーを受け取ってもらい、きちんと診療を仰げないものか。誠がお世話になっている獣医さんが難しくても他に多くの獣医さんがいるだろう。誰かがラッキーを助けてくれるはずだ）

ラッキーを徳之島の亀徳新港からフェリーに貨物として載せ、那覇港で誠に受け取ってもらえばいい。

鹿児島市の鹿児島新港と那覇港の海路７３５キロの間には毎日、フェリーの定期便が行き来している。鹿児島新港から那覇港に向かう下り線は、以下の通りである。

鹿児島新港を午後6時に出港、奄美大島の名瀬港には翌日午前5時に入港。5時50分に出港、徳之島の亀徳新港には午前9時10分に入港、9時40分に出港。沖永良部島の和泊（わどまり）港に午前11時30分に入港、午後12時に出港。与論島の与論港に午後1時40分に入港、午後2時10分に出港。沖縄本島は北部の国頭（くにがみ）郡の本部（もとぶ）港に午後4時40分に入港、午後5時10分に出港、那覇港に午後7時に入港。およそ23時間の行程だ。

徳之島の亀徳新港から那覇港までは、約10時間20分となる――。

新たに心配も芽生えた。本当に犬を送ることができるのかどうか、だ。

亀徳新港に出向き、窓口で事情を話すと、

「大丈夫ですよ。キャリーケースに入れて下されば、貨物扱いとして送れます」

係員はそう言うが、決まりごとも多い。

「必ずキャリーケースに入れて下さい。港に到着後、直接の受け渡しになりますので、受け取られる方が港で待っているようにして下さい。到着直後の受け取りが原則です。翌日には受け取れません。受け取られる方にしっかりと連絡をお願いします。乗船前、貨物取り扱いの事務所でキャリーケース3辺の合計に則した料金を頂きます。3辺合計200センチで3000円ほどになります」

ただし、と注意もあった。小型犬であれば、受託手荷物扱いとして、船内のペットルームを使用できるが、中型犬、大型犬となれば、貨物扱いになるという。

貨物といっても、犬の体調に変化をきたさないよう、高温多湿の場所に置くことはないのでご安心を、と係員は須尚に約束した。

安心して送れることを確かめてから、須尚は亀徳新港近くのホームセンターへ向かった。

ラッキーを入れるキャリーケースを探すためである。寅を飼い始めるときに来たのも、このホームセンターだった。

在庫品も含めて一通り見たが、ラッキーが入るには、どれも一回り小さいものばかりだった。

しかし、この店でなければ、中型犬以上のキャリーケースは手に入らない。明朝、ラッキーを沖縄に送るだけに、在庫の中から選ばねばならない。見た目が最も丈夫そうで、水トレーも付属しているオレンジ色のものを選んだ。金額は８０００円余、幅37・５センチ、奥行き53・５センチ、高さ37センチと３辺１２８センチの大きさで、上は白、下はオレンジの硬質プラスチックカバーを組み合わせる。犬を出し入れする扉は、はめ込み式のワンタッチタイプである。

ホームセンターの駐車場で、須尚は誠の携帯電話に連絡を入れた。

3

「明日の朝、沖縄行きのフェリーにラッキーを載せるから那覇港で受け取って欲しい」

交通事故から４日目、須尚の突然の依頼に誠は驚いた。ラッキーの状態、徳之島に犬猫専門の獣医がいない事情など一通り話を聞いた誠は、

「父さん、わかった。那覇港で受け取るけど、到着は夜の7時だ。わが家がお世話になっているのは沖縄市の獣医さんだけれど、その夜に先生のところには連れて行けないだろう。翌日の朝一番になる。先生には今、聞いたことをそのまま伝えておくから」

と、快く引き受けてくれた。

自営業だから自由が利くとはいえ、もし誠が、本土へ出張などしていたら……。こうして連絡が取れたのは、幸いだった。

「亀徳新港を出航したら連絡を入れるから。お願いばかりだが、よろしく頼む」

須尚は電話口で頭を下げていた。その姿が誠に伝わったのだろう、

「父さん、少しは親孝行の真似をするからさ」

須尚には心強い限りだった。

その晩、誠から電話があった。

「先生はこう言っていた……」

と、そのまま須尚に伝えた。

――実際に診察して、レントゲンの画像を見てみないとはっきりとしたことは言えないが、背骨は折れているだろう。脊髄神経が切れているかどうかは手術で開いてみて、背骨にドリルで穴を開けてみないとわからない。切断の度合にもよるが、神経をつなげられるかどうか。つなげても元通りに歩け、走れるようになれるかまでは現段階では何とも言えない。事故から4日が経っても食欲があるのは、内臓が無事だったからだろうが、脊髄の神経をつなげる場合は、事故当日か2日以内が理想的。もちろん、それでも回復するとは言い切れない。痛みに耐えている様子がないのは、神経が傷ついて麻痺を起こしているからだろう。背骨の骨折の手術は過去に経験があるが、費用などは現段階では何とも言えない――。

現段階という言葉はあれど、脱臼どころではない状況が須尚には見えてきた。

（元通りに歩いたり、走ったりはできないかも、だって？　そんなことはないだろう？　専門の獣医さんなら、何とかしてくれるはずだ。徳之島とは違うんだ。ラッキーを診察すれば、最

善の方法を講じて、回復させてくれるはずだろう?)

須尚はそう言いたくなったが、

「先生にすべてお任せする。よろしく伝えておいてくれ」

誠にこう言う他はなかった。

誠が懇意にしている獣医は沖縄市内の動物病院の40代半ばの院長であった。嘉手納町の誠の自宅から車で15分ほどの距離になる。

誠と院長との付き合いは既に10年余あった。そもそもの出会いは、誠が動物病院を訪れたからではない。

院長はドライブが趣味で、外国車を本土から取り寄せて乗っていたのである。この外国車のディラーが沖縄にはないため、院長は自分で自動車整備工場を見つけてメンテナンスをしなければならなかった。

そこで愛車を託したのが、誠の工場だったのである。車好きの仲間の評判を聞きつけたらしかった。車に思い入れの深い者同士であるから、会話も弾む。何時間でも話していられる、という趣だった。

そして、誠はわが家の犬の体調が少しでも思わしくないと感じられるときは、すぐにこの院長の動物病院を訪れるようになり、あずさとの結婚後は猫の面倒も見てもらうことになった。

親身な治療で、高い評価を得ている動物病院であることを誠とあずさは認識した。獣医の仕事は治療だけではない。人間を診察する医師と同じく、飼い主の心のケア、サポートも仕事である。院長はこの点も信頼があるからこそ、評価が高いのだ。

朝から晩まで工場に詰めている誠に代わり、在宅で仕事をするあずさが動物病院に連れて行く係だった。

「私が行くより、あなたが行く方が先生は喜ぶわよ。私が行くと、先生、がっかりみたい」

車の話をできるのが、診療に忙しい院長にとっては、気分転換になるのだろう。

交通事故から5日目の11月7日木曜日。

午前8時半過ぎ、須尚の軽トラックは亀徳新港に向かう。ラッキーはキャリーケースに入れられ、荷台に置かれていた。

海水浴を楽しんできた亀徳港の船だまりを通り過ぎるとき、須尚は事故に遭わせた不注意を痛感した。

手術や治療がどうなるのか。

ラッキーは徳之島に戻ってこられるのか。

帰ってきて、自力で歩けるようになり、来年の夏には、寅とまた海水浴ができるようになれるのか。

(できることはすべてしてあげたい。いくらお金がかかってもいい。いや、お金の問題じゃない。元気になってラッキーが徳之島に戻ってきてくれれば)

キャリーケースの3辺の長さを計測して、那覇港までの貨物料金2678円を貨物取り扱いの事務所で支払った。

いったん、キャリーケースからラッキーを出し、しばし抱きしめた。

「ラッキー、一緒に行かれなくてごめん。がんばってくれ」

再び、キャリーケースの中に入れる。一番大きなものを買ったものの、やはり、ラッキーの体は窮屈な感じだった。

10時間20分、ラッキーはこの中で辛抱しなければならない。水とドックフードをそれぞれ入れてから、係員が持つ台車に載せた。お預かり致しました、と丁重に言われ、須尚と小夜子は頭を下げた。

天候は晴れ、海上も穏やかだが、急激な天候、海上の変化、さらにはエンジントラブルのような不測の事態が発生して、途中で足止めを食うようなことになったら、ラッキーの体調にも大きく影響する。

まずは今夜、予定通りに、誠が出迎える那覇港に無事に到着するよう願うばかりだった。

フェリーは定刻の午前9時40分、汽笛をあげて、那覇港へ向かって出港した。

(元気になって戻っておいで!)

そう祈るしかなく、フェリーが視界から消えるまで二人は見送った。

4

誠とあずさの住む沖縄本島中部の嘉手納町と那覇港のある沖縄本島南部の那覇市は、国道58号線で結ばれている。約22キロ、車で約50分の距離である。ただし、朝、夕の国道58号線は上下線ともラッシュになり、余裕を見ておかなければならない。

午後5時半に家を出て、フェリーの着く前に誠の運転するワゴン車は那覇港に到着した。

一刻も早く沖縄市内の動物病院に連れて行きたいところだが、平日の診療時間は午後7時までである。駆け込みの患者も多く、定刻通りの閉院はまずないのだが、今日これから動物病院に向かうのは避け、明日金曜日の朝一番の診察を院長には依頼していた。

レントゲンを見た上での判断になるが、早々に手術を受ける見通しになりそうで、土曜日、日曜日でも対応してくれるとのことだった。

一回り小さなキャリーケースに入れざるを得なかった、と誠は須尚から聞いていたので、

「ラッキーが到着したら、すぐにキャリーケースから出してあげよう」

とあずさと話し、しかるべき準備もしていた。

誠とあずさはメールでラッキーの写真は見てはいるものの、初対面である。

「うんちやおしっこもしているだろうから、車の後ろに作ったベッドで嘉手納まで休ませてあ

げよう」

「知らない土地に運ばれてきて、見知らぬ私たちに恐怖心も抱いているでしょうし、とにかく優しくしてあげないといけないわ」

フェリーは午後7時の定刻通り、那覇港に到着した。

一般の乗用車、トラックが続々と上陸し、貨物の運び出しの作業も始まった。

「貨物扱いの手荷物は、パレット台に順次置かれていきますから」

那覇港の職員から教えてもらったが、フォークリフトでパレット台がいくつも運ばれている風景を見るのも初めてだ。勝手がわからない。

探し求める中、オレンジ色のキャリーケースが2人の目に映り、

「あれだ！」

と一緒に声が出た。

「もう置かれていたとはなあ」

誠が苦笑いした。

キャリーケースが、縦横に小刻みに揺れている。

「震えているよ。可哀想に」

のぞき込むと、不安気な表情のラッキーがいた。「ラッキーは人なつこい犬だよ」と須尚から聞いてはいたものの、10時間以上も船に乗せられ、どこに連れて来られたのかもわからない

のである。誠とあずさは「ラッキー、沖縄にようこそ！」と、歓迎の声を掛けるよりも、これからラッキーをケアして、動物病院に連れて行く責任を感じるのみだった。

受け取りの手続きを終えて引き渡され、誠がキャリーケースを抱えて、駐車場に向かった。あずさが誠の横につく。誠が抱える腕にラッキーの震えが伝わっていた。

ワゴン車の後部を開いてから、いったん地面にキャリーケースを置く。ラッキーの体を拭く準備に取り掛かる。

「ラッキー、開けるよー」

誠がこう言ってキャリーケースの扉を開け、ラッキーを出そうと触れた瞬間、ラッキーは誠の右手に咬みついた。

「痛っ！」

自分の犬に何度も咬まれている誠だが、警戒心から強く咬まれた経験はない。ただ、傷を負わせるほどではなく、ラッキーとすれば、威嚇しただけのようだった。

誠はひるまず、いたわりをもってラッキーを扉から出した。

その直後だった。誠とあずさが驚く光景が展開されたのである。

ラッキーは前足で立ち上がり、前足だけで力強く前進し、逃げようとしたのだった。後ろ足は地面に接して両膝を引きずる格好だが、それでもかなりの速さで逃げようとしたのだ。

誠とあずさは一瞬、目が点になったが、駆け寄ってラッキーを取り押さえた。

「想像する以上に、ラッキーは大きな不安を感じている」

誠が言えば、

「逃げようとしても、どこに行けばいいのかわからないのに。この子は本能的に……」

あずさもラッキーを慮った。

ラッキーの体を優しくなで、あずさはラッキーの体を拭く。誠は、手際よくキャリーケース内の大便や小便を処理する。

ワゴン車の後部にしつらえたベッドに、下半身を毛布でくるんだラッキーを乗せた。ドックフードと水を与えたが、食べようとしない。興奮状態が続いているようだった。

嘉手納町の自宅に向かう段となって、誠は須尚に連絡を入れた。

「無事に引き取ったよ。キャリーケースから出すとき、咬まれたけれどね。明日の朝一番で先生に診てもらう約束になっている」

須尚と小夜子は　予定通りの沖縄到着に安堵した。

那覇港の駐車場を出たのは午後8時近く。国道58号線のラッシュも終わり、50分ほどで自宅に到着した。

5

誠とあずさは、米軍関係者が住んでいた住宅に住んでいる。

リビングや芝生の敷き詰められた庭はアメリカナイズされて広く、犬と猫は昼間、庭に出されて遊び、夜は家の中で過ごす。

自宅に着いて、ラッキーはリビングに運ばれた。

家にはこのとき、3匹の雑種の中型犬、2匹の雑種の猫がいた。

誠とあずさが知り会った頃から飼っている犬は1匹で、2匹は亡くなり、新たに2匹を迎え入れていた。

飼育歴の一番長い犬は13歳のオスで黒と白の雑種であるオウジという。「わが家の王子様」とユーモアを込めてのネーミングだった。オウジと出会ったのは12年前、2001（平成13）年の11月だった。

誠の自動車整備工場は沖縄市知花、高速道路の沖縄北インターチェンジ近くの国道329号線から一歩入った裏道にあるが、その近くで、行き場もなく、うろついている首輪のない子犬を見つけた。生後1年にも満たないとおぼしき犬である。見捨ててはおけなかった。

はからずもオウジを保護した年は、誠が動物病院の院長と出会った年でもあり、院長はオウジの主治医となった。

二番目に長い飼育歴は、メスのサクラである。黒を基調とし、茶が混じる体色だ。

2007（平成19）年大晦日の夜、あずさがオウジと散歩中に見つけた。

自宅近くのゴミ捨て場から、ピーピーと鳴き声が聞こえた。オウジが吠える。捨てられた箱の中から鳴き声がしていた。あずさが開けて見ると、子犬が5匹、汚れたぬいぐるみと一緒に入っていた。海風が強く、とても寒い日であった。

(このまま放っておいたら死んでしまう)

あずさは、箱ごと子犬を連れて帰った。

誠とあずさに見守られて新年を過ごした5匹のうち、3匹はそれぞれ別の里親に引き取られ、残る2匹を飼い始めた。1匹は残念ながら翌年に亡くなったが、サクラはすくすくと育ってくれたのである。

3匹目は、リュウと名づけられている茶の体色のオスである。2012(平成24)年の9月のある夕方、外出先から帰宅したあずさは、庭にオウジとサクラ以外にもう一匹、オス犬がいることに気づいた。

「君、誰?」

思わず、声を掛けた。

「庭に犬がもう1匹いるけれど。茶色の犬。わかる?」

誠に連絡すると、誠もわけがわからず、

「は?」

と答えるしかなかった。

後日、通学途中の小学生、それも誠の知人の息子が、捨て犬を庭に入れていったとわかった。

2匹も犬を飼っているし、このお家なら大切に飼ってくれるはず、と思ったらしい。体調を診てもらうために、動物病院に連れてゆくと、院長は「生後8カ月くらいだろう」と言った。

猫は2歳のメスで黒のマオ、1歳のオスで白のビビである。

マオは2011(平成23)年6月、誠の工場から近く、よく利用する沖縄市知花のホームセンターに住みついた野良猫から生まれた子猫だ。何匹生まれたのかはわからないが、子猫たちは生後2、3週間のうちに引き取られたり、自然にいなくなったりで1匹ずつ減っていった。

その中で1匹だけ残っていた。皮膚病にかかっているのか、毛はボロボロに抜け、ただれていたので、「病気の猫だ」と来店客のもらい手はなかった。店員や来店客が弁当のおかずなどを与えているが、なでてやる者はいない。

その姿を、たまたま来店した誠が見かけた。「可哀想に」と誠は優しくなでてやった。

犬派の誠だが、猫派の妻・あずさがいることで、翌日の午後にも、ホームセンターを訪れた。

(あれ、猫が見当たらない)

と思いつつも、

「自分が飼います」

となじみの店員に申し出た。ところが、

「今日、倉敷ダム公園に捨ててきまして。園芸用品はじめ商品に乗るので私たちも困りまして」

と困惑気味に言われたのだった。

倉敷ダム公園とは、沖縄市の隣のうるま市にあるピクニックも楽しめる緑の多い公園だ。

「えっ、それはまた、離れた所に……」

誠はそれ以上、言葉が出なかった。

カーナビに入力してみると、ホームセンターから5・9キロで13分と案内が出た。

二度と現れないよう、遠くに置いてきたのだろう。ただ、自然が豊かで人も多く訪れる場所だから、野垂れ死ぬことはないだろう、と配慮はしたらしい。

（今から探しに行っても、広い敷地だ。見つけられないだろう）

誠は諦めた。

「もっと早く、迎えに行けばよかった」

あずさに言い、後悔しきりであった。

ところが、1週間後、ホームセンターから連絡があったのである。

「猫が戻ってきましたが、どうしましょう？」

「えっ、戻ってきた？　歩いて戻ってきたのですか？」

「そうとしか思えません」

誠は仕事を中断し、ホームセンターへ直行した。

猫は、販売用のキャリーケースに入れられていた。閉じ込められて興奮しているのか、鳴き叫び、体をぶつけて大暴れをしていた。

誠が到着し、ケージの扉を開き、手を差し入れると、ピタリと鳴きやみ、おとなしくなった。

（こんな子猫が、１週間かけて約６キロもの道のりを歩いてきたとは……。車にもはねられず、小動物に食べられもせず、生まれた場所に戻ってきた。食べるものもほとんど口にせず、戻ってきたに違いない）

誠は、この猫が自分を覚えていたのか、とも感じ、いとおしくなった。

体力も十分ではない子猫にも、これほど強い帰巣本能があることに誠は感動した。

誠は自分で飼うとホームセンターに伝え、飼育に必要なキャットフードやミルクも買った。そして、すぐさま、動物病院に直行した。

皮膚病と衰弱状態の回復の治療を頼み、診療がただちに行われた。皮膚病の原因は、ノミとダニによる皮膚のかぶれ、人間の食べ物を食べていたゆえのアレルギーによる脱毛で、通院で治るとのことだった。

この奇跡の猫は、マオと名づけられた。

「こんな小さな子が、１週間かけてそんな長い距離を歩いてきたなんて」

あずさも驚くしかない。

たくましいマオはやんちゃな性格で、あずさには素直に従わない憎らしさもある。だが、誠の前ではおとなしく、とてもなついている。マオは誠を、命の恩人、と意識しているだけではなく、最初に自分を愛してくれた人と感じ取っているのかもしれない。

ビビは2012（平成24）年9月に誠の仕事場に迷い込んできた。1歳未満かと思われた。逃げもせず、誠に向かって、ニャー、ニャーと鳴き続けた。近くに母猫もきょうだいも見当たらない。工場の前の道路は車の通りが激しく、誠はそのまま自宅に連れて帰った。

この島田家の猫は、すべて犬派の誠が手を差し伸べた子たちである。

「猫が苦手だったあなたが、次々と猫を連れて来るのはおかしいね」

あずさが笑えば、

「結婚生活とは不思議なものだな」

誠はしみじみとした口調で言った。

島田家の犬、猫は全員が誠の工場の顧客でもある院長を主治医として避妊去勢の手術も済ませている。

3匹の犬に、2匹の猫が集う島田家。そこに今、ラッキーが徳之島からやって来たのである。

「車にはねられたら大変だ」とオウジやビビを助けた誠が、交通事故に遭ったラッキーを託されたのも不思議な縁という他ない。

ラッキーとすれば、見知らぬ場所に連れて来られた不安の中で、3匹の犬がいる環境に身を置けたことで、誠とあずさの目には落ち着きを取り戻したかのように見えた。

3匹の犬は少し距離を取ってラッキーを見つめていたが、ラッキーが前足だけで前進して近づこうとすると、慌てたように後退した。吠えもせずに遠ざかるのは、ラッキーの姿にあまりに驚いたからではないか、と誠とあずさには感じられた。

ラッキーは、ドッグフードを食べ、水も飲み、食欲もある。

洗濯機の置かれたドア一枚で庭にも通じるコンクリートの廊下にあずさはラッキーのベッドを設えた。オウジ、サクラ、リュウは別室で休む。

ラッキーのベッドは徳之島と同じく、毛布を敷布団の代わりに敷いたものの、排せつは垂れ流しのため、ベッドも汚してしまう。あずさは、ベッドを作り直し、10時間余の船旅を乗り越えてきたラッキーもようやく眠りに就いた。

「リュウはラッキーに似ているなあ」

誠は言った。

「ほんと、体格も体の色もね」

あずさもうなずいた。正確に言えば、リュウは黄色が強めの茶色で、ラッキーは赤みがかった茶色といった感じだが、一見したところ、よく似ているのだ。

間もなく日付は午前零時、11月8日金曜日になる。

交通事故の発生から6日目を迎える。

6

「背骨が折れていますね」

誠に抱えられ両足がダランと垂れ下がるラッキーの姿を見るなり、院長は言った。

受付も含めた動物病院の4人のスタッフが、院長の指示を受けて動き回る。1人がラッキーを丁寧に抱きかかえ、レントゲンをはじめ精密検査に入る。

30分ほど経過した後、誠とあずさは診察室に通された。

「予想通り、背骨が折れていました。診断の結果は、椎体骨折となります」

レントゲン画像の結果を示しながら、院長は話し始めた。

通常、私たちが背骨と呼んでいるものは、医学的には脊椎と呼ばれる。脊椎には椎骨と呼ばれる骨が連結し、これを椎体と呼ぶ。人間において椎体は、頭側から頸椎が7個、胸椎が12個、腰椎が5個とそれぞれ椎骨があり、その下に仙椎があり、尾骨と続く。

犬の脊椎は主に4つの部分から構成され、頸椎、胸椎、腰椎、仙椎に分けられる。頸椎は7個、胸椎には13個、腰椎には7個、仙椎には3個の椎骨がそれぞれある。

「ラッキーは、胸椎の13番目と腰椎の1番目のあいだが折れています」

背骨のまん中を折った、と言える状態だった。

「金属のプレート、これはステンレス製になりますが、折れた部分をつなぐ手術になります。折れている背骨の中の神経である脊髄がどの程度の損傷か、を調べなければいけません。患部をメスで開いて、折れている部分の骨をドリルで開けて脊髄の損傷具合を確かめてみます。骨が折れたとき、その骨が神経を傷つけて、麻痺が起きていると考えられますから、その処置をします。そうしないと、ラッキーは今後、痛みに苦しむことになります。骨折の手術といっても、比重は神経を可能な限りつなげることに置かれます」

誠、あずさは、大掛かりな手術を覚悟した。説明は続く。

「退院後、ラッキーの後ろ足を毎日、何回かに渡って伸ばしてあげるリハビリを経て、自力で歩けるようになれるのが理想です。筋力を可能な限り、維持したいのです」

リハビリは、ラッキーの後ろ足を20回、30回と引っ張るのを1セットとして、1日に数セットを行うこと、である。後ろ足が委縮しないよう、筋肉と神経に絶えず刺激を与えるのだ。

「この様子では、うんちやおしっこは垂れ流しの状態ですよね?」

院長の問いにあずさがうなずいた。

「神経をつなげることができれば、垂れ流しは回避できると思います。つながった場合、足を引っ張って筋力を維持するリハビリは、排せつ時に必要な膀胱や肛門の筋力の維持とも関係がありますので、垂れ流しを防ぐ点からも意識して頂ければ」

垂れ流しを防げるか、も手術の重要な課題となった。

「リハビリは、ラッキーが横たわった状態のときに行えばいいでしょう。歩けるようになるにもリハビリは必要ですが、元のように歩けるようになれるか、元気よく走れるようになれるかは脊髄の損傷程度が把握できていない現時点では、何とも言えません」

自力で歩けないかもしれない、と院長は示唆しつつ、

「犬用の車いすを装着すれば、自力で動ける範囲も広がるかもしれません」

とも言った。

「車いす、ですか?」

誠が聞き直す。

「ええ。胴体に装着して、後ろ足を吊り上げるかたちにします。前足で立ち、2つのタイヤが体を支える格好になり、前足を動かすとタイヤも動きます」

高齢やヘルニアで歩行困難になった犬が車いすを装着するのは誠もあずさも聞いたことがあるが、ラッキーがそうなるかもしれない、とは言われるまで考えてはいなかった。

「幸い、内臓に損傷はありません。ただ、背骨が折れるのはよほどのことです。これまでの経験では、建物の2階から落ちても、背骨が折れるようなことはなかった。ラッキーはオートバイではなく、車にはねられたのでしょうね。もしかしたら、車のタイヤに踏まれたのかもしれない。もう少し場所がずれていたら、内臓破裂で死んでいたでしょう。いずれにせよ、相当な衝撃を受けたはずです」

院長は誠とあずさにインフォームド・コンセント（説明と同意）を行っている。病状を説明し、治療についての同意を得られるか、というものだ。人間の医療では普通に行われているが、ペットの医療でも行うのが一般的である。

手術や入院など大掛かりになるものについては費用も相談する。

「手術ですが、今日、明日は急患もあって、手術が立て込んでしまいました。あさって10日の日曜日の昼に行います。患部を開いて脊髄の損傷が著しい場合は、善後策を考えて、そこでいったんは終わりにしたい。3時間は優にかかる手術になるでしょうし、信頼する先生の応援を頼んで、2回目の手術を11日の月曜日か12日の火曜日に行いたいと思います。入院も含めて、30万円は必要になるとお考え下さい」

院長は見通しを話した上で、

「念のためにお話をしておきます」

あらたまった口調になった。

「飼い主さんによっては、手術に限らず、治療の費用について伝えると、それほどの金額でなくても『じゃあ、結構です』と治療も投薬もせず、死なせてしまうケースもあります。心臓にたくさんのフィラリアが巣食う犬の手術も私は多くやってきましたが、月に1回、内服させるフィラリアの予防薬すら飲ませていない飼い主さんもいるのです。がんと診断されて『どうせ助からないのなら、安楽死させて下さい』と訴える飼い主さんもいます。もちろん、『末期のがんでも看取ります』と決意を示される飼い主さんもいます」

フィラリアの予防薬すら飲ませない飼い主もいるのか、と誠とあずさは顔を見合わせた。

「直接、私が関係した犬ではなかったのですが」

と断った上で、院長がこれまでに聞いた話でも、背骨を折った犬については動物病院で安楽死させるケースが往々にしてあり、米軍関係者の飼っている犬が同様の状態となったときも安楽死を選んだ、とのことである。

「犬に対する愛情はみな同じように思われていますが、『血統書つきではない捨て犬だから面倒は見切れない』とドライに割り切る方もいます。念のためにお話はしておきます」

ラッキーは雑種の捨て犬である。

大掛かりな手術を行って、費用を要して本当に大丈夫なのか。院長は飼い主に、確認しなければいけなかった。

雑種の犬に対して大手術をする飼い主は少ないのが現状で、完全な回復が見通せない点からも、安楽死処分の選択もある。その再確認でもあった。

「父は徳之島で牛専門の獣医にもそう言われたそうです」

誠は言った。

「先日、お聞きしましたね。お父様がどんな方かわかりませんが、手術後のラッキーが垂れ流しも改善しない介護の状態になっても、10年以上、面倒を見る覚悟をお持ちかどうか。車いすは既製品もありますが、犬の体格に合わせたオーダーメイドを用いる場合が多く、安くはありません。手術、入院、術後とお金が何かとかかります。手術中、万一の事態が発生して、ラッキーの生命に支障を与える場合もあります。以上の点について、ご了解を頂けるか、お父様に伝えて下さい」

誠は「少し失礼します」と断って、病院の外に出て、須尚に連絡を入れる。

須尚の携帯電話につながるや、誠は一気に言った。

「父さん、レントゲンを撮ってもらったけれど、手術をしても、元のように歩いたり、走ったりできるようにはならない可能性もある、排せつにしても垂れ流し状態のままの可能性もある、と説明してくれた」

そして、一呼吸置いた。

「30万円はかかるって先生が言っている。父さん、どうするの？」

元通りになる可能性が保証できない手術をするのか、しないのか。

（経験を積んだ専門の先生から見ても、ラッキーの体を回復させるのは難しいのか？）

厳しい現実が須尚に突き付けられた。

絶句する須尚に、誠は車いすの話も伝えた。

犬に車いすとは、須尚にとって、初めて知らされることだ。

徳之島の獣医に安楽死処分を勧められたことを思い出した。

犬猫の専門の獣医もいない徳之島で、どうすればいいか。迷い続けた中で、沖縄行きを思いついたが、それでも完全に治る見込みは高いとは言えず、「安楽死か、手術か」の選択を須尚は再び迫られたのだった。

（お金の問題ではない。どんな姿でもラッキーが元気になって、徳之島に戻ってきてくれれば、それでいいじゃないか）

須尚は誠に言った。

「先生に伝えてくれ。『ラッキーは大切な家族ですので、安楽死処分はまったく考えておりませんし、費用はいくらかかっても構いません。後ろ足の機能が回復しなくとも、排せつが垂れ流しのままでも、私と妻は不満を申し上げません。犬猫専門の獣医さんのいない徳之島で、医療を受けられなかったラッキーがこうして先生に巡り会い、先生の手で今、医療を受けられることは私らにとって救われる思いです。なにとぞ、よろしくお願いを致します』と」

ラッキーは再び、誠の自宅に戻る。あずさはラッキーが気兼ねすることのないよう、夕方まで庭で過ごさせた。

翌日から入院となり、スタッフによって背中全体から腹側部、腹部、肛門の周囲から尻尾はつけ根から半分ほどの毛がバリカンで剃り落とされる剃毛（ていもう）が行われた。いよいよ、手術である。

7

「いい先生に巡り会えたのはわかるわ。専門の先生に診てもらって手術をすれば、元のように回復する、と私も思っていたから。でも、元のように歩けない、走れない可能性が高くて、うんちやおしっこも垂れ流しのままになるのかもしれないのなら、ラッキーはあまりにも可哀想じゃないの」

小夜子は須尚にそう言った。

「高いお金がかかる以前に、これからのラッキーを思うと……。わが家に来ていなければ、交通事故にも遭わなかった。私があのとき……」

自分の一言で寅と共に飼うことになった。そのことで自らを強く責めているようだった。

看取るまで終生飼養する——言葉ではわかってはいても、このような事態を想像する飼い主はまずいないものだろう。ましてや、車いすも用意して介護をするかもしれないのだ。

(女房は女房で責任を感じているんだ。でも、それは俺の不注意が招いたことだ)

事務所で須尚は一人、考える。

(排せつが垂れ流しのままで帰ってきても、俺が介護をすればいい。それだけの責任が自分にはある)

沖縄県嘉手納町の島田誠・あずさ宅で。入院当日（11月９日）の朝

犬用の車いすがどんなものか、須尚はまったく知らない。

パソコンを立ち上げ、「犬用車いす」と入力して、検索してみた。

すると、大手通販サイトのアマゾンやヤフーショッピングで既製品の取り扱いがある。アマゾンのものはサイズにもよるが、2万円、3万円の価格が目に入った。

後ろ足が不自由になり、前足を動かすかたちの2輪車いす、逆に前足が不自由になったことで後ろ足を動かしての2輪車いす、さらには前後両足用の4輪車いす、それぞれに、小型犬から超大型犬まで各種あった。

多くのサイトに目を通してみると、既製品はあるものの、やはり、犬の各部位を測定してのオーダーメイドが良いようだ。

計測の方法をホームページで丁寧に解説しつつ、その数値をメールやFAXでやりとりすれば、早ければ翌日にでも宅配便で発送するメーカーもあった。ただ、関東から徳之島への発送は、鹿児島までは陸路、鹿児島から船便となり、発送当日も含めて4日間を要する。

多くのメーカーのホームページを見ていく中で、

（オーダーメイドで5、6万円か。手術の結果にもよるのだろうが、ラッキーが戻ってきたら、すぐ測らねばいけない）

と須尚は思案する。しかし、後ろ足が不自由で車いすを用いる場合、前足だけで歩けるかどうか、確認が必要なのだという。

あるメーカーのホームページには、その方法も紹介されていた。飼い主が犬の腹部にバスタオルを当てて輪を作り、両手でバスタオルの両端を持ち、後ろ足を浮かせ、吊るす感じにする。これによって、前足だけを使って体重を支えて歩けるかどうか、が確認できるとのこと。歩ければ、車いすの使用が可能なのだ。

(なるほど、言われてみればその通りだ。ラッキーが帰ってきたら、まず、これをしなければいけない。車いすが使えるかどうかもわかるわけだ)

手術によって自力歩行ができるようになれば、それに越したことはない。車いすも無理となれば、ラッキーはスノコ板のベッドで寝たきりとなり、足腰はますます弱くなっていく。

(いや、その場合は4輪の車いすを使えば、歩けるのか?)

どんなに考えても、須尚は、手術の結果を待つしかなかった。

8

ラッキーの手術が始まった。

麻酔によって眠り、診察台にうつぶせになっている。背骨沿いにメスを入れ、ドリルを用いて背骨に穴を開けた。肉眼で脊髄損傷の具合を調べると、予想通りの状況だった。

(やはり重傷だ。神経は完全に切れてはいないが、折れた骨で傷つけられたように見える。応

援を頼んで再手術だ。慎重に進めよう）

骨折の手術、それも背骨の手術は、痛めている神経を修復するという手間を要するため、敬遠されて他の病院に回されてしまうことも少なくない。

ラッキーにとって院長と巡り会ったのは幸いだった。応援に駆けつけてくれる獣医の了承を得て、再手術は2日後の12日、通常の診療後の午後9時から行われた。

再手術は約4時間を要した。13日にあずさが動物病院に出向いた。

「神経は可能な限り、修復しました。折れた背骨はステンレス製のプレートでつなげてあります。ラッキーには10日間ほど入院してもらい、経過を見させて頂きます。退院後はリハビリを行って下さい。以前のように歩けるようになれるかはわかりません。手術は無事に終わりましたが、成功した、と言えるのは、自力で歩け、走れるようになってから、と言えるのかもしれません。できる限りのことはした、とご報告します」

ラッキーは、傷口をなめて傷を悪化させるのを防ぐ円錐台形状の保護具であるエリザベスカラーを首に付けて、個室に入っていた。

あずさは、手術中の写真が表示されたパソコンの画面や、エリザベスカラーを付けた手術後のラッキーの姿を携帯電話で撮影した。

それらの写真を須尚へのメールに添付し、院長からの説明とともに、送信した。

須尚は、手術が無事に終わったというメールに安堵したが、写真を見る気持ちにはなれなかった。専門の獣医に診てもらえば治る、と期待していただけに「自力では歩けないかもしれない」との再度の見解に、ラッキーに対して申し訳なさが募ってしまったためだ。写真は、小夜子に見てもらった。

あずさは動物病院に毎日通う。ラッキーの日々の様子が須尚に送られてくる。経過は順調で、11月24日の日曜日に退院と決まった。

エリザベスカラーを外されたラッキーは、座った状態から自力で歩こうと立ち上がる仕草を見せるようになっていた。

これは、神経がつながっていることを意味した。手術は成功したのである。

ただ、立っていられるのは数秒間、その後は崩れる。こうした動きを繰り返すのも自力で歩けるようになるために必要であり、排せつに必要な筋力を維持するのにも役立つのだ。

ラッキー自身がそうする一方で、筋力維持のために、ラッキーが横たわったときに後ろ足を引っ張るリハビリを意識的にしなくてはならない。

院長は退院にあたって、あずさに言った。

「ラッキーはおりこうさんで、私もスタッフも手を煩わせられる点はまったくありませんでしたよ。入院中は興奮して、吠える子も多いのですが、ラッキーは落ち着いたものでした」

手術費、入院費を含めて30万円余。動物病院からの請求書が届くと、すぐに須尚は銀行口座に振り込んだ。

誠の家でのリハビリが始まった。週に2回ほど動物病院で様子を見て、徳之島に戻す機会を探ってゆく。ラッキーの剃毛された部分は背骨がくっきりと浮かび上がっている。

芝生の庭に出すと、ラッキーを一目見るなり、オウジ、サクラ、リュウは遠ざかった。オウジたちは相当に驚いた様子である。

ラッキーは、仲間がいるのがうれしいのだろう、3匹に向かって後ろ足を引きずるようにして、前足で前進していく。それもゆったりとした動きではない。あずさには、那覇港に到着して逃げようとしたときよりも速く感じられた。

「得体の知れない犬が来た、とオウジたちは思っているのね。いや、戻ってきた、と思っているのかしら?」

あずさは誠に言った。

ラッキーは庭の端から端まで絶えず前足だけで動き回った。

「ラッキーは自分で意識してリハビリをしているのかしら? 後ろ足に負荷をかけなくちゃ、と懸命になっているみたい」

あずさはこのようにも誠に話した。

後ろ足を擦りむかぬよう、あずさは包帯をサポーター代わりに巻いてやった。一日に何回か、巻き直すよう心掛けた。

(子ども用の靴下を履かせてもいいわね)

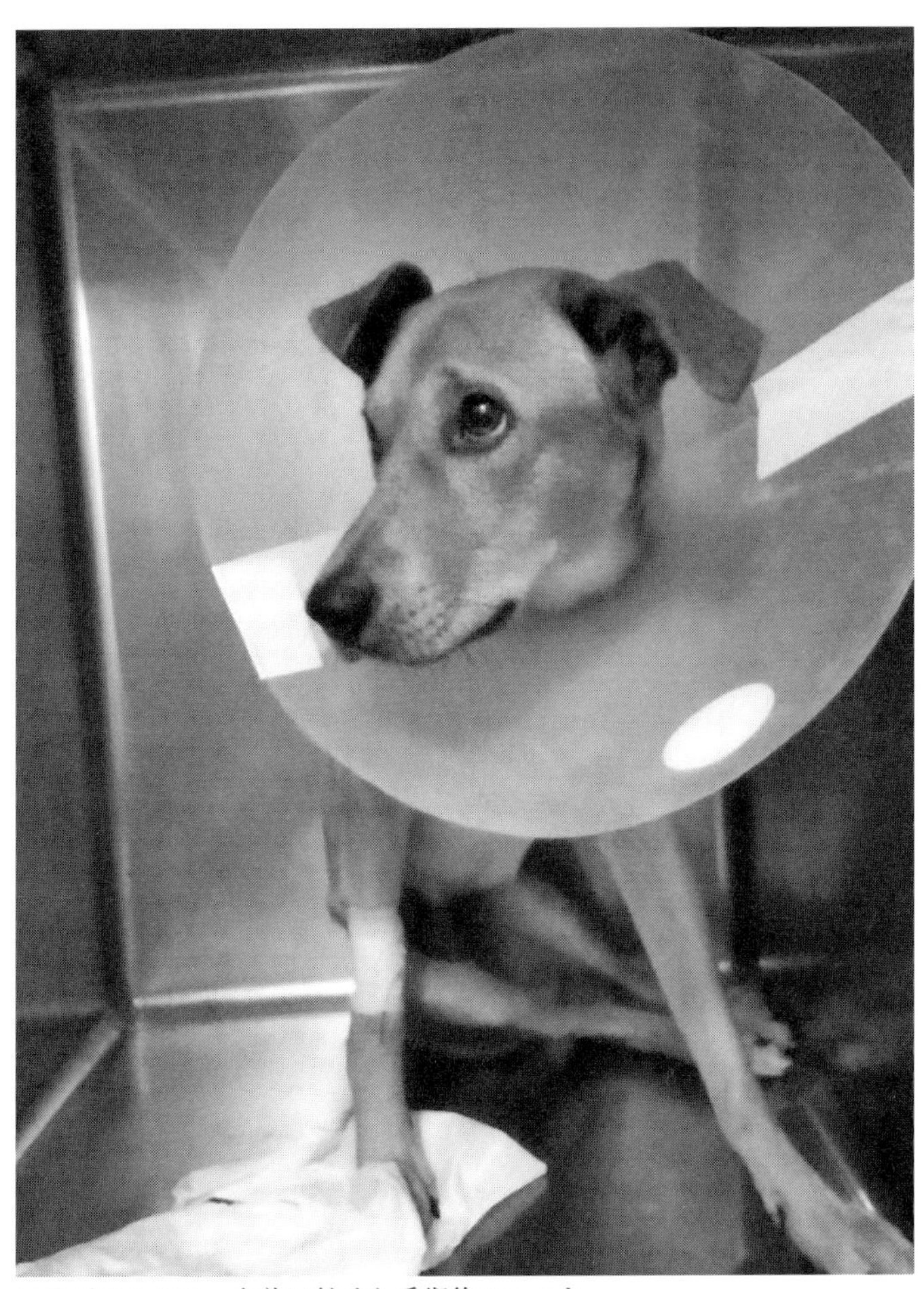

エリザベスカラーを首に付けた手術後のラッキー

そんな考えも思い浮かんだ。

翌日も日中、ラッキーは3匹の犬と庭に出て、暗くなると自宅の中に入れられた。みんなすっかり打ち解けている。

3匹の犬は、島田家の番犬だ。家の前の道を誰かが通ると、軽く吠える。本家の島田家で番犬を務めていたラッキーも、負けじと吠えて道へ向かっていった。

「なんだ、この犬!」

下校途中の小学生の集団は、剃毛されたラッキーが前足で接近してきたのを見て、口々に驚きの声を上げた。

「おねえちゃん、この犬、どうしたの?」

庭に出ていたあずさは、交通事故で背骨を折って、手術をしたことを話した。

「早く治るといいね、おねえちゃん」

「ありがとう。みんなも車やバイクには気をつけてね」

そんなやりとりもあった。

(中型犬用のTシャツを着せた方がいいわね。目立ってしまって、ラッキーもストレスを感じるだろうし)

あずさはラッキーに気遣い、着回しができるように3枚ほどTシャツを買ってきた。

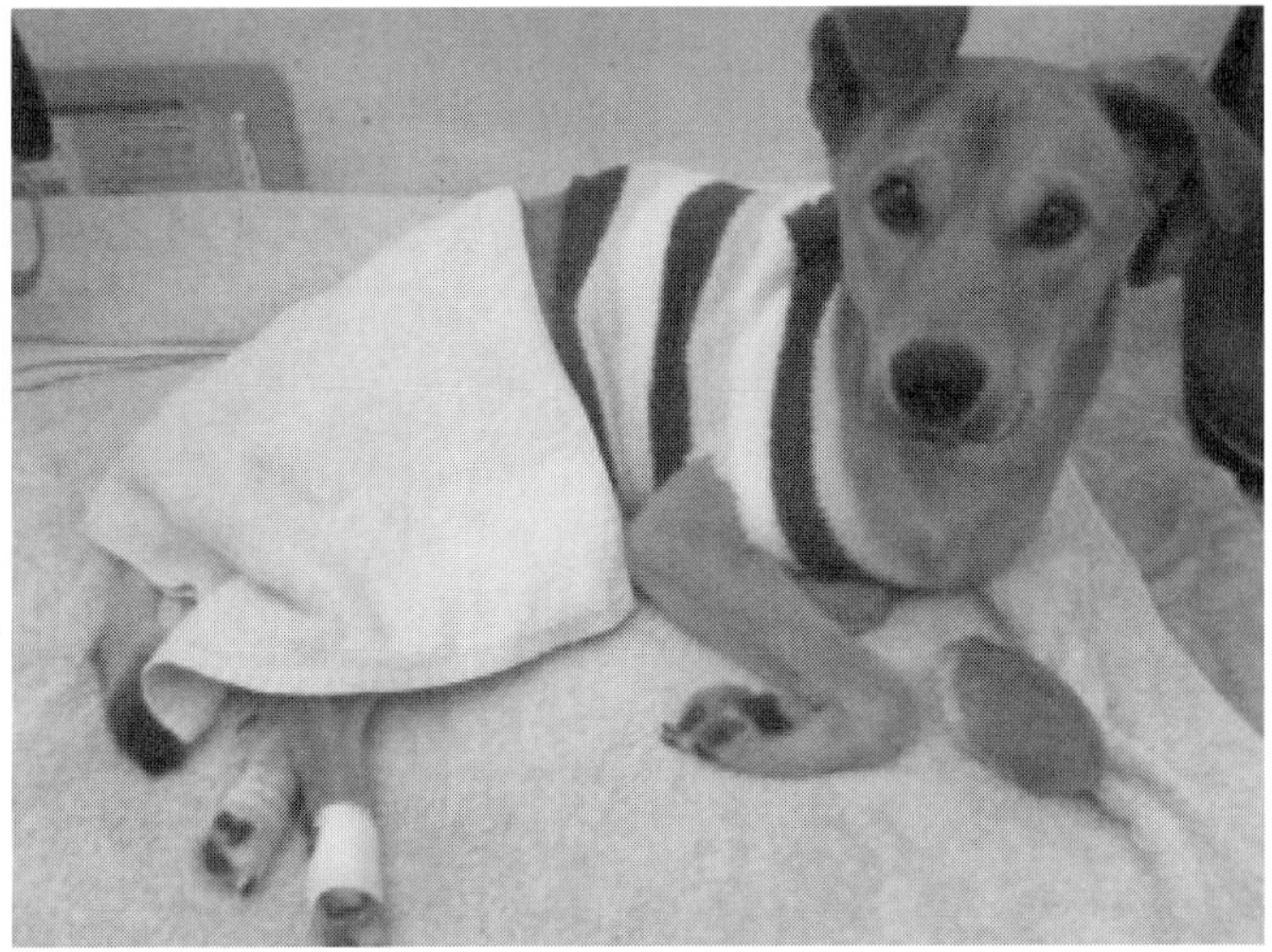

沖縄県嘉手納町の島田誠・あずさ宅で退院直後のラッキー
剃毛の痕が２度の手術を物語る（上）
Ｔシャツを着て、後ろ足の足首には包帯によるサポーターも（下）

9

あずさは、体を横たえるラッキーの傍らに寄り、後ろ足をそれぞれ20回ずつ引っ張るリハビリを、一日に少なくとも3セットは行った。

ゆっくりとでも、自力歩行ができるようになるためには、地道なリハビリが必要となる。元に戻るかはわからない。続けなければ、可能性もないが、誠とあずさは希望も見出していた。

リハビリの際、ラッキーは自分の意志で後ろ足を強く引いたり、蹴る仕草をするようになったのである。「つなげられる神経はすべてつなげた」と院長が言っていた意味が理解できた。

あずさが「ラッキー」と呼びかけると、体を横たえたまま、尻尾をゆっくりとだが、パタパタ動かしたりした。

「尻尾が動いている！　動いた！　動いた！」

あずさは喜びの声を上げ、うれしさのあまり、誠と動物病院に連絡した。

手術前には尻尾も後ろ足と同様動いていなかったのだ。元通りとはいかないが、手術の成果がここでも確認された。

「走るのは無理でも、歩けるようにはなるかもしれないね」

あずさは大きな期待も抱く。

誠とあずさは、排せつ面からも実感する。

ラッキーは排便を我慢できるようになり、庭に放されていても垂れ流しをしなくなったのだった。したいときは、軽く吠えてあずさに知らせ、あずさが来るまで我慢をしていた。

夜、あずさが作ったベッドの上でラッキーは休む。入院前と同じく、オウジ、サクラ、リュウは別室にいる。朝、見ると、ラッキーは前足で可能な限り動いて、コンクリートの上で排せつをしていた。

（ベッドを汚すのは嫌なんだ。だから、どこなら問題はないか、と考えたのね）

あずさは思いつつ、

（これはお義父様の日頃のしつけの表れでもあるのだろう）

と感心したのだった。

あずさは、メールでこうした状況を須尚に逐一伝えた。

「よい先生に巡り会えてよかった。手術して頂いてよかった。誠とあずささんのおかげだ」

須尚は目に涙を浮かべて小夜子に言った。

動物病院で週2回の診察を行う中で、徳之島でも毎日、リハビリを行う必要がある、車いすはやはり準備した方がよい、と院長は考えていた。

車いすを装着しながらも、リハビリも行っていく――徳之島に戻ってからのラッキーの生活方針が見えてきた。これもあずさから須尚にメールで伝えられた。

須尚は、手術前に「車いすが必要になるかもしれない」と知らされてから、犬用の車いすの情報を自分なりに集めてきた。オーダーメイドのため、どのメーカーを選んでも、首回りをはじめ寸法を伝える必要がある。

（ラッキーが戻ってきたら、巻尺で計測をして、メーカーに発注しよう）

前足だけで体重を支えて歩けるかどうか。車いすの必須の条件だが、あずさの報告では、クリアしているようにも思う。

（ラッキーが戻ってきたら、慌ただしくなるぞ。フェリーが着いた当日は、ラッキーも疲れているだろうから休ませ、翌朝には前足だけで歩かせてみないと。もし、歩けなかったら……。散歩もできず、ガレージの中で寝たきりか……）

歩けることを確認したら、寸法を採って車いすのオーダーの段取りに進める。

メーカーの選定も大切だ。数あるメーカーのホームページを閲覧し、事前の問い合わせ、購入後の部品交換など、面倒見がよさそうで、価格も良心的だ、と思うメーカーを須尚はいくつか選び、最終的にひとつに絞り込んでいた。埼玉県内に工房を持つメーカーだった。

一方、誠とあずさは、ラッキーが徳之島に戻るにあたり、キャリーケースをどうするか、を考えていた。

「大きなものを手に入れないとなあ。大型犬でも入れるものが余裕があって、ストレスも感じないだろう。結構な値段になるけれど」

誠は、ホームセンターをいくつか回った。しかし、大きなものはなぜか見当たらない。

（沖縄では大型犬を飼っている人も多いのに、なんでなのかな？　売り切れているのか？　ネットで買うのがいいのかなあ？）

と考えていると、

（そうだ！　リサイクルショップにあるかも）

と思いついた。

嘉手納飛行場の周囲に、基地関係者が払い下げた米軍放出品を取り扱うリサイクルショップがいくつかある。

基地から放出品として出てくるものは、使用済みや仕様変更された軍服などの衣料品をはじめ、ヘルメットやガスマスクといった装備品、軍用品から家具、スポーツ用品、家庭用品まで様々な物がある。

何軒か回ると、中古とはいえ、アメリカ製の大きなキャリーケースが手頃な価格で買えた。幅77センチ、奥行き63センチ、高さ65センチと3辺205センチと大型犬用のもので、上はグレー、下はネイビーの硬質プラスチックカバーを組み合わせてある。徳之島からラッキーが入っていたキャリーケースの倍の大きさに見える。

「これなら快適だな。こっちも安心だ」

自宅に持ち帰り、水で汚れを洗い流しながら誠が言うと、

「あなた、お買い物上手ね」

とあずさは笑った。

ラッキーが沖縄へ行ってから、須尚は毎朝、運動公園で寅を散歩させていた。1匹で散歩する寅はどこか元気がない。

ラッキーと仲よしのシロは、ラッキーがいないのを土手から眺めているのか、降りてくる気配もない。

（どうしたのかしら、とシロは思っているんだろうか？）

須尚は寅と歩きながら思っていた。

第5章　帰　郷

1

ラッキーの交通事故から、12月3日で1カ月。島田家にとって心が大きく揺れた時間だった。誠が沖縄にいたからこそ、犬猫専門の病院がない徳之島からラッキーに手を施してやれた。

（もっと早く沖縄に送っていたら）

とは須尚には考えられなかった。

（いい先生に巡り会えて、できる限りを尽くしてもらえた。誠が沖縄にいなかったら、ラッキーはどうなっていたのか）

感謝する思いが勝っていたからだった。

（もし、殺処分をしていたら――一生、悔い続けるに違いない。あのときは仕方なかった、とは割り切れず、自分を責め続けるはずだ。ラッキーが徳之島に戻ってきたら、これまで以上に

世話をしてあげたい）

　須尚は、ラッキーの帰郷を待つ。

　週2回の動物病院での診察。12月10日の診察で院長は言った。

「退院後、特に問題となる点はありませんね。痛みがあるようにも見えません。脊髄の麻痺を心配する必要もないでしょう。リハビリも毎日、やって頂いていますし。念のため、もう1週間、沖縄で様子を見て、徳之島にお返ししましょう。徳之島でも毎日、リハビリを行って頂きたいと思います」

　院長の話は、あずさから須尚に伝えられた。

　ラッキーが、ふるさとの徳之島に戻る日は12月17日の火曜日、と決まった。午前7時に那覇港を出港して、午後4時半に徳之島の亀徳新港に入港する。亀徳新港から那覇港へは黒潮の流れに抗うかたちであって10時間20分要するが、那覇港から亀徳港へは黒潮の流れに乗るので9時間30分だ。

　12月の奄美、沖縄の海は強い北風でしける日が時々ある。フェリーの欠航もあれば、航海中に大きく揺れることもある。

「大きなキャリーケースを買った。余裕を持ってラッキーの体が入る。それで送るよ」

　須尚には既に伝えられていたが、

（大きな揺れでラッキーが船酔いでもしたら。ずっと寝ていられればいいのだが。那覇港に到着したときは震えていて、誠に咬みついたそうだが。今回、故郷の徳之島に戻るためにフェリーに乗せられた、とわかるのだろうか？　不安から興奮してしまうものだろうか？）

事務所のカレンダーを見つめながら、須尚はあれこれと気に病んだ。また、到着翌日からの段取りも頭の中で確認していた。

12月17日は、あっという間にやってきた。

「父さん、無事にフェリーに乗せた。定刻通り、那覇港を出港したよ。出迎えよろしく」

午前7時、誠は須尚の携帯電話に連絡をした。須尚は、運動公園で寅を散歩中だった。

「1カ月余り、いろいろと世話をかけたな。本当にありがとう。これから、ラッキーとがんばるよ。あずささんにもよろしく」

あずさも電話に出た。

「お義父さん、わが家の犬たちとも仲よしになったのにお別れとなりました。徳之島にうかがえるときを楽しみにしています」

ラッキーは剃毛の痕がそのままなので、Tシャツを着せたままフェリーに乗せた、こちらで使っていた他のTシャツはキャリーケースに敷いた毛布の下にビニールでくるんで入れておいた、後ろ足をひきずって歩こうとするので、後ろ足は膝から下を包帯や幼児用の靴下でくるんでやればいい、幼児用の靴下を履かせてフェリーに乗せたことなどもあずさは伝えた。

「あずささんにも本当に助けて頂いた。先生によろしく伝えて下さい」

電話口で一礼をした。

（誠がもし、沖縄にいなかったら、どうなっていたのか）

ここでも須尚は感じたのだった。

徳之島の天気は晴れで、海上の波も穏やか。今日、確実に徳之島に到着すると思うと、須尚の気持ちは落ち着かない。昼過ぎに電器屋の仕事を終え、あとはラッキーを迎えに行くだけだ。

「寅、ラッキーが帰ってくるよ。今日からまた一緒だぞ」

須尚はガレージでラッキーのベッドを準備しながら、寅に話しかけた。

午後4時、須尚は小夜子と一緒に、軽トラックで亀徳新港に向かった。港に着くと、午後4時30分の定刻通りに入港の案内が出ている。

黒い煙をたなびかせて、フェリーが港内に入ってきた。

「ラッキーが乗っている」

須尚は小夜子に言った。

着岸し、乗客、乗用車、商用車の下船が始まり、フォークリフトも動き出した。

ラッキーの入ったキャリーケースは、台車に載せられて運ばれてきた。引き渡しの手続きが行われる。キャリーケースが揺れている様子はない。故郷に帰ってきたとラッキーは察知し、落ち着いているのだろうか。

キャリーケースのまま、ラッキーを軽トラックに乗せようか、とも須尚は思っていたが、無事に到着してみると、感激がこみ上げてきた。

台車から降ろされるや、待ちきれず、キャリーケースの扉を開けた。

Tシャツを着せられたラッキーが即座に前足で力強く踏み出し、半身をのぞかせた。

「ラッキー！」

思わずラッキーを抱え上げ、抱き締めた。ラッキーは喉を鳴らして、須尚の頬を懸命に舐める。ラッキーの目には力があった。沖縄に行く前と表情がまったく違う。

元気になって戻ってきたのがはっきりと須尚と小夜子にはわかった。

「お帰り！　ラッキー！　よくがんばったぞ！」

涙声で須尚はラッキーに話しかけた。小夜子はハンカチで目を押さえながら、その場から誠とあずさ、それぞれに徳之島到着の連絡をした。

ラッキーは、40日ぶりにお父さんとお母さんのもとに帰ってきたのだ。

「さあ、ラッキー、お家に帰ろう。寅が待っているよ」

小夜子の声に促され、須尚はラッキーをキャリーケースに入れ、軽トラックに運ぶ。

ラッキーはわが家に戻り、うれしさで興奮している様子だった。久しぶりのわが家で食事を与えられ、ベッドに横たわると、寅がラッキーのベッドに移り、寄り添った。

須尚は、ラッキーの後ろ足を片足ずつ、ゆっくりと引っ張り、リハビリを初めて試みた。着衣の負担を取り除き、リラックスして休ませるべきか、須尚は思い立ち、ラッキーのTシャツを脱がした。

剃毛の部分が生々しく須尚と小夜子の目に入った。剃毛の痕が、２度の手術という事実の重さを感じさせる。

「ラッキー、がんばったなあ」

そう言って、ラッキーと寅を一緒に毛布で包んだ。

2

翌12月18日の朝。

須尚は、亀津新漁港にラッキーと寅を連れて行った。軽トラックでの移動中、Ｔシャツを着せられ、幼児用の靴下を履いたラッキーは荷台の上で前足を畳んで座っていた。

亀津新漁港に到着後、寅をまず荷台から降ろして自由に散歩させる。次に、ラッキーを抱えてゆっくり地面に降ろし、座らせた。ラッキーは前足で立ち上がり、そして、後ろ足で立ち上がろうとするが、数秒で崩れてしまう。

須尚はバスタオルを手にして、ラッキーの腹部に当てた。

（今、私が何をしようとしているか、をラッキーは理解しているのだろうか？）

不安にもなる。

両腕でタオルの端を持ち上げ、前足でラッキーの体を支えるかたちにする。腹部を支えるタオルが強く持ち上がり、ラッキーの後ろ足が浮いた。

(さて、どうなるか?)

反射的にラッキーは前足だけで歩き始めた。それも、

(歩けたとしても、ゆっくりとした感じだろう)

と考えていた須尚の予想をよい意味で裏切るものだった。

ラッキーは走りたいのだろう、予想以上の速度で前進する。ラッキーが歩けば、それに合わせて須尚も腰を折って前かがみの体勢で前に進む。

(これなら車いすも大丈夫だ!)

寅がラッキーの横に来て、一緒に歩く。ラッキーは歩みを止めない。40日ぶりの懐かしい風景、潮風を楽しんでいるかのようだった。

タオルを持ちながら前進する須尚の額に汗がにじみ出る。

(これを朝晩の毎日続けるのは、64歳の自分の体力では厳しいぞ。腰にも負担がかかる。犬用の車いすの助けを借りれば、ラッキーは自由に元気よく走れるはず。計測して早く発注しないと)

須尚はタオルを自分の側に引っ張り、ラッキーにストップを促す。自分の体力面を考えても、

(車いすは必要不可欠である)

と結論が出た。

自宅に戻り、寅とラッキーに食事を与え、ラッキーをしばらく休ませた後、須尚は小夜子に手伝ってもらい、車いすの製作に必要なラッキーの計測を始めた。

ベッドに座ったまま測れるのは、首輪を付けている首回りぐらいである。須尚はラッキーをベッドから下ろし、後ろ足を立たせる状態にして、ラッキーの体を支える。

小夜子が巻尺で計測してはメモを取る。また、メーカーに「こんな体格の犬です」と伝えるために、須尚が体を支えて立たせた状態のラッキーの姿を小夜子がデジタルカメラで撮影していく。不自由な後ろ足をこらえるため、小刻みに震えもした。数秒で崩れ、そのたびにまた、立たせねばならないが、須尚は話しかける。

「ラッキー、がまん、がまん」

地面から肩までの高さ、肩から後ろ足の手前までの長さ、後ろ足の幅、地面から後ろ足の付け根までの長さ、胴の一番広い部分の幅、胴回り、腰回り、後ろ足の太もも回りなど、同じ場所を何回も測り直した。

計測は優に1時間以上、費やした。寅はその様子をベッドの上で見つめていた。ラッキーは疲れている様子だった。

須尚は必要な数値やホイールやベルトの色は赤など必要事項をメーカーの注文フォームに記入し、ラッキーの写真を添付して電子メールで送信した。ＦＡＸでも送信し、さらには電話も

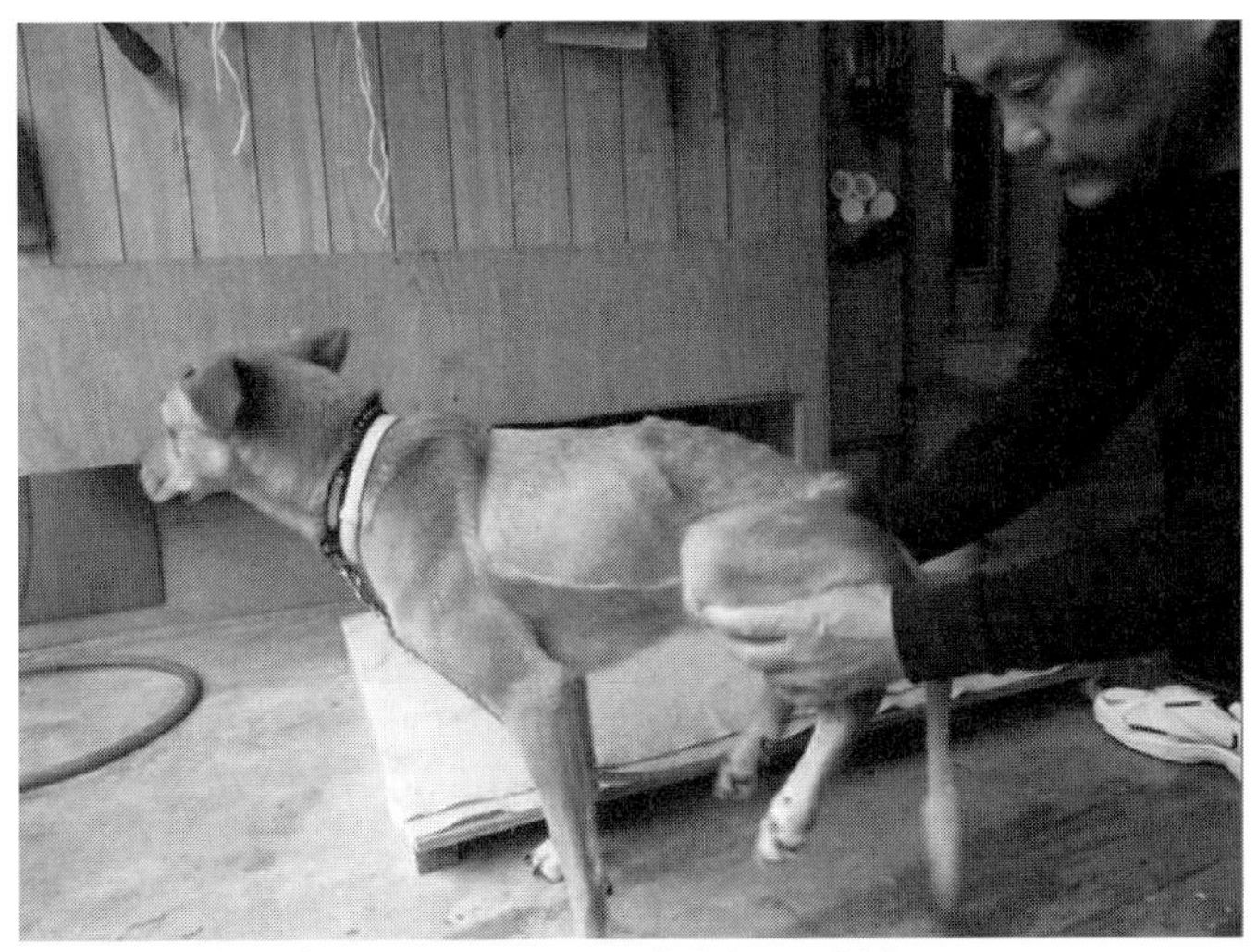

車いすの発注の計測のためにラッキーを立たせる須尚

して、

「届いていますか？　ご確認をお願いします」

と連絡もした。

10分もしないうちに、メーカーから連絡が入った。計測に難点があるらしく、

「島田さん、もう一度、計測をして下さい」

と具体的な指示があった。

疲れ気味のラッキーを須尚は再び立たせて、小夜子が計測する。

メール、ＦＡＸを再びやり取りする。それでも、また、

「ここところの部分を測り直して下さい」

と連絡が入った。一通りのやり取りが落ち着いたのは昼過ぎだった。

「タイヤは直径30センチのものとなります。製作期間は今日を入れまして３、４日ほどとお考え下さい」

「３、４日で？　早く出来上がるのですね」

「５年ほど前は１週間から２週間はかかりましたが、短縮できるようになりました。完成した車いすは宅配便でお送りします。発送時にメールでご連絡致します」

需要があるからこそ、メーカーも製作のコツがつかめ、期間も短縮できるようになったのか、
と須尚は思った。

関東地域からの発送なので、宅配便だと徳之島まで発送日から4日を要する。陸路で鹿児島まで運び、フェリーに乗せて運んでくる。事務所の壁掛けのカレンダーを見つめ、

「12月24日か25日に到着予定か。クリスマスプレゼントになるかな」

とつぶやく。

(装着してみて、微妙な誤差などがあった場合は、無料で修繕してくれるとのことだが、何とかラッキーの体に合って欲しい。プロの仕事だから、大丈夫だろうが)

口を真一文字にして、腕組みをした。

この日の午後、島田電器のお得意さんの夫婦が訪ねてきた。寅の飼育を始めたとき、寅と散歩する須尚の姿を見て「あげーっ!」と驚いた夫婦だ。突然の訪問は、10日ほど前の朝に夫が、昨日の朝は妻が、亀津の街中を走る須尚の軽トラックをたまたま見たことに起因していた。

荷台に寅しか乗っていないのを見て、夫婦で「いつも寅と一緒に乗っているラッキーがいなかった。ラッキーはどうしたんだろう? 病気なのか? 何かあったのか?」と心配になり、電話でたずねるのもはばかられ、思い切ってやって来たのだった。

ラッキーが交通事故に遭い、沖縄で手術を受けたと知らなかった夫婦は、くしくも帰郷したラッキーと対面した。ガレージでベッドの上に座るラッキーを囲んで、須尚は、

「私の不注意で交通事故に遭わせてしまいまして……」

と経緯を詳細に話した。夫婦は何が起こったか、を知り、驚いた。

「犬や猫が大きな病気や事故に遭ったら、専門の獣医さんがいない徳之島では治療できない」

「犬や猫を飼っていれば、交通事故に気をつけないと」

と話していただけに、ラッキーが大手術を終えて40日ぶりに徳之島に戻ってきたことに胸が熱くならないわけがなかった。

「今日、車いすを発注しました。予定通りだと、一週間後に到着します」

須尚はそう言って、ラッキーの傍らに腰を落とし、後ろ足を引っ張ってのリハビリを行った。

リハビリ途中で、ラッキーが須尚の顔を見て吠えた。

「おしっこをしたいらしいですね」

須尚は夫婦に言って、ラッキーを抱え上げ、おしっこをさせた。

「手術前は垂れ流しの状態でした。二度にわたる手術で脊髄の神経をつなげてもらって、おしっこもうんちも我慢できるようになりました。膀胱や肛門の排せつに必要な神経と筋肉が元通りに戻ったようです。私が近くにいない夜中は、交通事故に遭う前と同じように、うんちもおしっこもベッドの外、このガレージの床の上でしていました。自力で歩けるようになれるか、走れるようになれるかわかりませんが、本当に沖縄に送ってよかったです」

須尚の言葉に、夫婦の胸はさらに熱くなった。

3

12月21日土曜日の夜。事務所で仕事をしていた須尚に、車いすのメーカーからメールが届いた。本日、請求書も同封して発送をしたとのこと。価格は6万円余だった。

須尚は、事務所の壁掛けのカレンダーの24日の火曜日に赤マジックで○を付けた。22日は日曜日、23日の月曜日は天皇誕生日で、21日の土曜日を入れて3連休である。

(24日に到着か。23日の夜に鹿児島を出港する船が亀徳新港に入港するのが、午前9時10分。宅配便は午後2時過ぎの配達が亀津では通常だ。暗くなる前に持ってきてもらえればありがたいけれど。すぐにラッキーに装着して、どんなものかを確かめられたらいいのだがな)

年末のクリスマス、お歳暮関連の配達で、徳之島の宅配便の営業所も大忙しである。

須尚の事務所への配達も、日によって午後2時少し過ぎ、日がすっかり暮れた午後6時を回ることもあった。繁忙期のため、配達時間が指定されていても予定通りにはいかない。

須尚は車いすを発注した後の12月19日、20日、21日の朝、亀津新漁港において、ラッキーの胴部をバスタオルで吊るし、前足だけで前進させる歩行訓練を続けた。寅もラッキーの横を伴走する。

亀津の街の商店街にも、クリスマスのイルミネーションが飾り付けられた。

24日のクリスマスイブ。ラッキーが島田家の一員となったのは、昨年の12月27日。ラッキーが島田家の家族の一員として、初めてのクリスマスを過ごすのだ。

この日の朝も、ラッキーは亀津新漁港で前足だけの歩行訓練を行った。

「ラッキー、明日は車いすを付けて散歩ができればいいね。今日の午後に到着したら、早速、付けてみようね」

自宅に戻って、寅とラッキーの体をシャンプーし、食事を与え、ベッドで休ませる。

須尚は電器屋の仕事に出掛け、昼過ぎには戻った。午後2時過ぎには、いつ宅配便が届いてもいいように、事務所で伝票整理をしながら待機した。

午後3時半を少し回った頃、ガレージで休む寅とラッキーが突然、吠えた。誰か来たようだ。

「島田須尚さーん、お荷物でーす」

（来たっ！）

須尚は緊張も感じながら、段ボールを受け取った。

（いよいよだ）

3辺160サイズの大きさの段ボール箱だが、さほど重くはない。

（軽い。軽量でないと動きにくいのも当然か）

事務所の中で、須尚は丁寧に開封してゆく。直径30センチのタイヤのホイールは赤色、各種のベルトが赤色の車いすが現れた。

現物を見ながら、取扱説明書を須尚は読み込む。

（抱きかかえながら、まずは後ろ足をそれぞれ、発泡ゴムでくるんだリングに通すのか。後ろ足の太ももを、ここに乗っけるわけだ）

次に腹を乗せるベルト、前足と首の付け根を支えるベルト、そして、首下を支えるベルトにラッキーの体を乗せてから、肩の部分のフレームのバックルを留めるのである。赤いベルトの長さは、それぞれ調整できるが、体格に合わせて、緩まず、きつくない程度に調整されているとのことだ。

前足2本で立つ格好だが、2つのタイヤがバランスよく支える。ここに至ってから、後ろ足の膝から下を輪状のベルトに吊るして、装着は完了、となる。

現物が遂に届いたものの、車いすを発注してから、須尚はネット上での情報で、気になるものがあった。

犬に車いすを装着できても、「これは何なのか？」と犬が戸惑うこともあるのだ、という。

こうした場合、犬の前方に少しの距離を置き、手のひらに餌を載せて、「おいで、おいで」と話しかけてやることで前進し、車いすが必要なものと理解させなくてはならないらしい。

（前足だけでラッキーは前進できた。車いすを装着したとき、どんな反応を示すか？　すぐに喜んで歩く、とは言えないのかもしれない。でも、ラッキーが喜んでくれるクリスマスプレゼントになってくれれば）

須尚には新たな不安も芽生え、緊張を覚えた。

4

車いすを装着するにあたり、須尚はラッキーにグレーの無地のTシャツを着せた。ベルトやフレームのパイプが剃毛した部分に当たれば、ラッキーも不快に感じるはずだからだ。

小夜子を呼ぶ。小夜子は初めて車いすを見た。

「これが……」

小夜子はしばし、車いすを眺め、手に触れ、片手で持ち上げてもみた。

「軽いわねえ」

フレームはU字型である。フレームの幅は約27センチで、立てた状態で見なした底の長さは約65センチだった。

須尚にとって初めての装着だけに、確認しながらの手付きになる。小夜子に説明書の手順を読み上げてもらう。

片手でも持てる重さの車いすを、ガレージの入り口に置く。リヤカーや人力車を路面に置くとき、持ち手の部分を路面に置くように、肩の部分のフレームを支える両脇のフレームが路面に置かれるかたちだった。

ラッキーを抱えて降ろし、後ろ足の太ももをリングに通す。前足２本でラッキーは立つ体勢になった。２つのタイヤによってラッキーの体は支えられる。

「これが何か、ラッキーにはわかっているのかどうか」

須尚はやや不安げな気持ちを小夜子に明かす。

腹をベルトに乗せ、首下を支えるベルトにラッキーの体を乗せ、肩の部分のフレームのバックルを留める。

いよいよ、最後の段階となる。

後ろ足の膝から下を輪状のベルトに左右それぞれに通して吊るす。

「装着完了」

須尚が口にし、ラッキーの背中を軽く叩くやいなや、だった。

ラッキーはガレージを飛び出した。家の前の道を20メートルほど走り、左折して空き地に入り、空き地をぐるっと回って、ガレージに戻ってきたのだった。

予想もしていない展開である。

いくらラッキーの体に合わせて作ったオーダーメイドではあっても、体に付けたら戸惑うのではないか？　と須尚は心配してもいたからだ。

ラッキーはうれしそうだ。ガレージと空き地を何度も往復する。

結果的に戸惑ったのは須尚だった。すぐに走り出したのはうれしくても、その喜びを表現しようにも言葉がうまく出てこない。

車いすのラッキーが、須尚の足元にじゃれついてくる。タイヤを少しバックさせて、小夜子の足元にもじゃれついて、また、空き地に向かって走り出した。

「喜んで走っている。よかったよ。本当によかった」

須尚は、ラッキーが帰郷したときと同様のうれしさだ。

「ラッキーが喜ぶクリスマスプレゼントになったわね」

小夜子の言葉に、須尚は、あらためて安堵する思いだった。

「思っていた以上にスピードを出せるものだな。私らの体力では、一緒に走るなんてとても無理だ。止まるのも何ら支障がない。前輪駆動車みたいだ。バスタオルで吊られていたときは、ストレスを感じていただろう。車いすなら自由自在だ」

ようやく喜びを表現できた、と須尚は思った。

ベッドにいる寅がこのとき、どんな表情でラッキーを見ていたのか、は須尚も小夜子も気が回らなかった。

日の入りが早く、暗くなり始めている。

(明日の朝、亀津新漁港に連れて行こう。家で車いすを付けて、軽トラックにそのまま乗せればいいだろう)

車いすが到着した日に。初めての装着

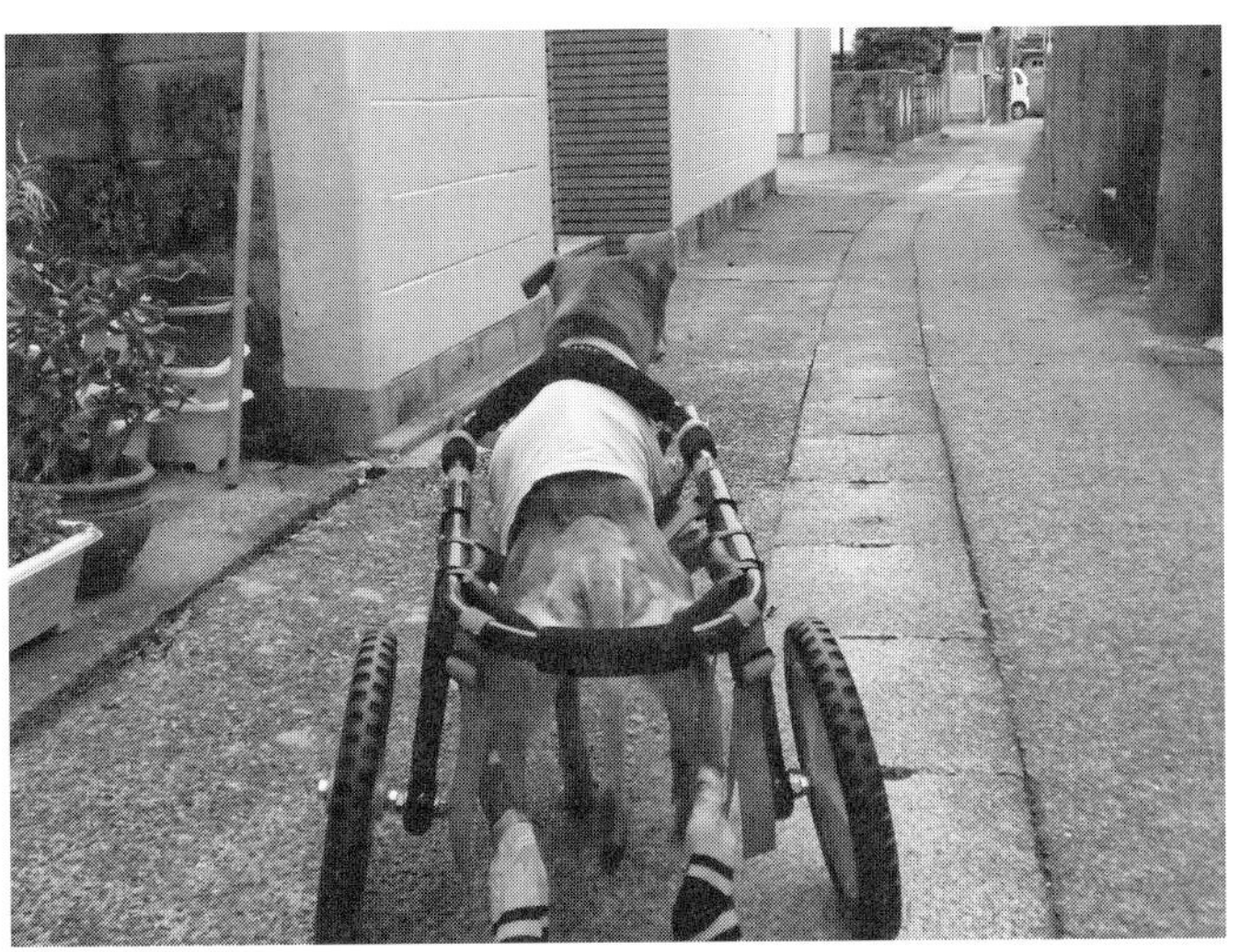
車いすを装着するや、ラッキーは家の前の道を何度も往復した

須尚は車いすごとラッキーを抱えて、軽トラックの荷台に乗せてみた。

(タイヤがアオリにぶつかるから、車いすを付けたままでも荷台から落ちないな)

ラッキーを降ろす。ラッキーは、そのままガレージまで走った。

小夜子に説明書を読み上げてもらい、ラッキーから車いすを取り外す。

ラッキーは40分ほど、車いすを装着していた。久しぶりに運動らしい運動をしたことになるだろう。

「お疲れ気味だな、ラッキー。ほら、今日は寅と一緒にクリスマスのディナーだ」

須尚は準備していた角切り牛肉のドッグフードをたっぷりと与えた。

5

「海に落ちないように、ちゃんと気をつけているんだなあ」

ラッキーが車いす姿となり、初めて亀津新漁港にやって来た12月25日の朝。須尚は思わず口にした。荷台から降ろされるや、ラッキーは思うがままに走り出す。

寅はラッキーのスピードに追い付けず、自分のペースで散歩をしている。喜んで走り回るラッキーを見て、須尚は、

(あっ、海に落ちたら大変だ!)

亀津新漁港を散歩するラッキーと寅

と気がついたが、杞憂だった。

ラッキーは岸壁に接近すると、スピードを緩めて岸壁沿いに歩くのである。交通事故に遭う前に何度もここで散歩をしてきたので、距離感がつかめているのだろうが、ラッキーなりに車いすの特性を理解したのだろう。

時々、吊り上げた後ろ足がそれぞれ後ろに蹴る動きをしている。足の神経がつながっている証拠だった。リハビリを続けていけば、いつか自力で歩けるようになるかもしれない。

自宅に戻り、ラッキーは車いすを外してもらって、食事を取り、ベッドの上で休む。この流れは、この日から始まった。

須尚はラッキーのリハビリをしてから、電器屋の仕事に出掛けた。そして、以前のように仕事が終われば、また散歩に連れ出した。

須尚は車いす姿のラッキーの写真を貼付した、感謝のメールをメーカーに送った。

「……ラッキーは大変喜んでおり、元気よく走りまくっております。また、自分の足で歩行することができるようがんばってまいります。このたびは、大変にお世話になり、ありがとうございました」

12月31日の大晦日。子供たちは仕事の都合などもあり、徳之島に帰省しなかったが、小夜子が車いす姿のラッキーの写真をメールで送った。

「一年前にラッキーがやって来たのよね」

小夜子が言えば、

「安楽死なんてさせなくて本当によかった」

須尚が口にし、感慨深い年末年始となった。

車いすの到着から一週間。須尚は装着、取り外しの手際もスムーズになってきた。

（尻尾は下げたままにしておくよりも、フレームの上に載せた方がいいな）

車いすの装着は、尻尾をフレームの上に載せて完了、となった。

２０１４（平成26）年の元日の朝も、寅とラッキーを亀津新漁港へ散歩に連れて行った。

一昔前、正月と言えば、須尚にとって元日から4日までは闘牛大会の撮影で忙殺された。午前と午後、別々の闘牛場での開催も普通のことで、夜は闘牛ビデオの編集、販売で連日、徹夜に近い状態だった。

今や須尚は闘牛と疎遠となっているが、闘牛大会の盛況ぶりは変わらない。ビデオカメラで闘牛を撮影していた須尚が、今はデジタルカメラに愛犬の姿を収めている。

（そういえば、ラッキーが沖縄から戻ってきてからは、運動公園に行ってないな。毎日、散歩の場所が漁港ではマンネリかもしれない。ラッキーにとっても、起伏に富んだ道を歩いたり、走ったりする方がいいだろう）

元日は親戚へのあいさつ回りがある。

（明日の朝、久しぶりに行ってみよう）

朝は運動公園、夕方は漁港というペースにしてみよう、と須尚は決めた。

2日の朝。7時半過ぎ、自宅を出た。快晴。風もなく、穏やかな天候だ。運動公園の駐車場に車を停め、寅と車いすのラッキーをそれぞれ軽トラックの荷台から降ろす。

ラッキーはいきなり走り出した。

(おいおい、そんなに急がなくても)

ラッキーの姿を目で追ったところ、

「あっ!」

須尚は思わず声を上げた。

シロが土手から駆け降りてきたからだ。

ラッキーとシロは顔をつけ合い、口元をなめ合った。恋人同士の熱い再会シーンのようだった。

須尚には予想もしていなかった光景だが、その様子をデジタルカメラに収めた。

ラッキーとシロは楽しそうに歩き回り、立ち止まってはじゃれ合っている。

2カ月ぶりの再会。ラッキーはシロに何かしきりに話しかけているように須尚には見えた。

(自分はシロのことはすっかり忘れていたが、ラッキーもシロも、お互いのことは忘れてはいなかったのか。シロは待ち続けていたのか……)

須尚はそう思うしかなかった。

シロが走り出せば、ラッキーも走り出す。須尚の視界からシロとラッキーが消え、しばらくするとラッキーだけが戻ってきた。

「シロはどうした？」

ラッキーに思わず、声を掛けた。シロはこの日、もう姿を見せなかった。

（自分がいるから照れたのかな）

そんなことも考えた。

その後、ラッキーは寅とともに、起伏に富んだ運動公園内を散歩した。上り坂も下り坂も思うままに走る姿に、須尚は、

（車いすは体の一部になっている）

と確信したのだった。

6

ラッキーにとって、シロとの再会から始まった２０１４（平成26）年。

翌日以後もラッキーは運動公園でシロと楽しく過ごした。

ラッキーとシロが互いに追いかけ合うさまは、車いすをラッキーが自由自在に使いこなしている証しでもあった。寅はマイペースで、ゆっくり散歩をしている。

運動公園の平屋建ての管理棟は、2段の階段を上がる造りだ。階段の横には身障者用のスロープがある。たまたま、管理棟に近づいたとき、須尚は階段を上がり、ラッキーを試してみた。

「ラッキー、ここまでおいで」

ラッキーは一瞬、立ち止まる。

階段とスロープを見つめ、ゆったりとした足取りでスロープを駆け上がってきた。

「ほおーっ、ラッキー、おりこうさんだ」

須尚は驚くとともに、感心した。

スロープが安全だ、とわかったのだろう、スロープを上がったり下がったりしている。

シロが近づいてきた。ラッキーはシロに駆け寄った。

(車のタイヤと同じく、車いすのタイヤもすり減っていくのだろうな。交換はどうすればいいのか、問い合わせてみないと)

ラッキーの姿を見ながら須尚は、車いすのメンテナンスを意識した。

自宅に戻って車いすを外し、両足のリハビリを行っていると、ふと、

(自力で歩ける目標に向かうことは大切だろう。でも、車いすで嬉々として走っている姿を見ると、自力で歩けることだけが必ずしも幸せとは言えないのではないか?)

そんな考えもよぎった。

車いすを外したラッキーは両足で一瞬、立ち上がるが、後ろ足は数秒で崩れてしまう。立ち

運動公園に到着するや、ラッキーは……

ラッキーとシロの熱い再会

上がるのは、排せつに必要な筋力の維持につながる。

（自力で歩くには、数年必要ではないか。いや、数年費やしても難しいかもしれない）

そう思うしかなかった。

（おしっこやうんちを我慢するためにも、筋力の維持は必要だ。リハビリは不可欠だが、『お前は自力で歩いて、走れるようにならなくちゃダメだぞ』と促すような態度は取るべきではないだろう。元気よく、生き生きとして走るラッキーを見れば、これも幸せな姿なのではなかろうか）

須尚は自らに言い聞かせるのだった。

第6章　走れ！　ラッキー

1

手術から半年になる２０１４（平成26）年の４月、剃毛した部分も生え揃った。

４月１日から須尚は、毎朝午前６時半に運動公園に〝通勤〟するようになる。

徳之島町より、総合運動公園の指定管理者として運営を委託されたからだ。旧知の友人ら４人で「一緒に公園管理の仕事をしよう」と相談して、運営組織「健康クラブ」を立ち上げ、須尚が代表に就任した。全員が60代である。

指定管理者の契約期間は５年間だが、毎年、年度計画を書類で提出し、指定管理者の選定委員会の審査に掛けられる厳しさがある。

運動公園の指定管理者を名乗り出たのは、毎朝の寅とラッキーの散歩があったからだった。

これまでは徳之島町が運動公園の管理をし、町の職員が公園内の清掃を担当していた。

掃除は毎日行われるわけではなく、駐車場や芝生には様々なゴミ、落ち葉がたまる。トイレの汚れもそのまま、トイレットペーパーの補充も不十分、と須尚の目には映り、気になっていたからだ。

（公共の施設なんだから、掃除は毎日やらなければ）

いてもたってもいられなくなり、徳之島町役場に問い合わせたのである。

指定管理者となるには、綿密な計画書を提出する必要がある。「毎日掃除をする、台風の直撃でもない限り休みにしない」「毎週月曜日、各施設は休みとなるが、一般客の利用はなくても、日曜日の利用者が多いだけに月曜日も掃除を行う」――練りに練られた須尚の計画書は町に採用された。

運動公園に到着するや、管理棟前の職員駐車場に軽トラックを停め、寅とラッキーを荷台から降ろす。

管理棟の鍵を開けていったんは中に入るが、寅もラッキーも須尚の後をついてくる。寅は階段を上り、ラッキーは身障者用のスロープを駆け上がる。

須尚は管理棟の開き戸を犬が通れる分だけ開けておく。寅とラッキーは須尚が用を終えるまで玄関口で待っているのだった。

そして、公園内の約2キロの遊歩道に沿って、軽トラックをゆっくり走らせ、ゴミや木の枝、落ち葉を拾いながら、約2時間かけて一周する。

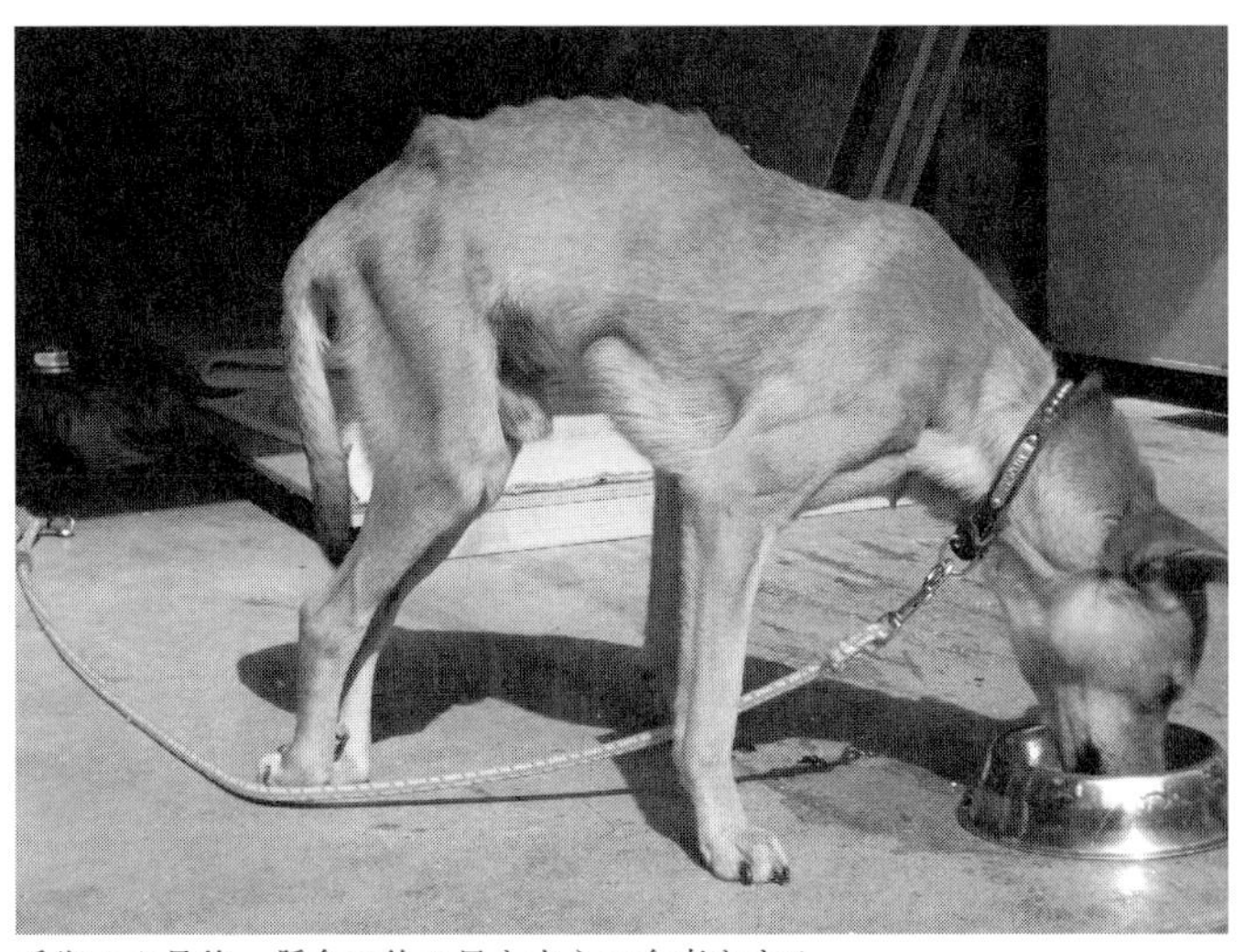

手術４カ月後。懸命に後ろ足を支えて食事をする

そんな須尚の後ろに、いつもついてくる寅とラッキーの姿があった。

寅、ラッキーともに公共の場では吠えたりしないので、須尚も安心して仕事ができた。

合わせて、須尚は公園内のすべてのトイレを回って清掃もする。男性用、女性用の便器はあわせて64もある。

須尚が管理棟に戻るのは8時半少し前。その頃には、公園内の植木の手入れをする男性、草刈り担当の男性、事務、電話係を担当する女性など「健康クラブ」の職員の出勤が始まり、8時半に管理棟の玄関で事務連絡が行われる。

事務連絡を終えた後、須尚は寅とラッキーを連れて亀津の自宅に戻る。

昼を挟み午前から午後、須尚は電器屋の仕事をする。午後5時頃、須尚は再び運動公園の管理棟を訪れる。このときは、寅、ラッキーは自宅で留守番だ。

運動公園の午後、夕方は学校のクラブ活動をはじめ運動にやって来る者、ウォーキングをする者でにぎわう。日中の電話や連絡の報告を受けた後、職員は引き揚げるが、須尚はそれから2時間ほど滞在して各施設を見回り、忘れ物がないか、異常がないかを確かめ、午後7時に管理棟の鍵を閉める。

須尚が指定管理者となり、清掃作業を担当するようになってからは、利用者から「公園がきれいになった」「トイレがきれいになった」との評判が聞かれるようになった。

(公園を掃除をしながら、犬の散歩もしている。一石二鳥だ)

須尚はこう思うが、焼肉屋を開業し、店の周囲を掃除していた頃を振り返れば、今こうしているこことが不思議にも思えてくる。

（人生とはわからないものだ。寅との出会いがあればこそだった）

早朝、ウォーキングで訪れた者と、須尚はあいさつを交わし、雑談もする。こうして出会った人々が、職場や友人らに話すのだろう、

「闘牛ビデオを島で初めて発売した島田電器さんが車いすの犬を連れて、運動公園の仕事をしている」

「島田さんは酒もタバコもやらない。酒飲みなら、一日も休まずの公園管理の仕事はできない」

須尚の評判は広がっていった。

運動公園では寅とラッキーの姿が見えなくなっても、名前を呼べば、ほどなく須尚のもとに戻ってくる。

ときどき寅は芝生の上で両足を畳んで腹ばいになり、仰向けになったりするが、車いすを装着しているラッキーはそれができない。しかし、不満を感じている様子には見えず、むしろ、走ることが大好きでたまらない、もっと走りたい、と元気いっぱいだ。ラッキーの若々しさに須尚は目を見張るばかりである。それでも、芝生の上で車いすを外して、休ませる配慮もした。

足を畳んで休むラッキーだが、シロが近づいてくると、立ち上がろうとする。前足だけでシロのもとに向かうのだ。芝生の上であれば、少々、後ろ足の膝やすねをひきずってもすりむき

もしないので須尚も安心だ。

「シロを追っかけることで、後ろ足の筋肉を動かすから、リハビリにもなるな。女の力は男にとって小さくはないからなあ」

須尚は職員に笑いながら言った。

6月から9月まではプールが開かれ、監視員の選定を含めて万全の備えをするのも須尚の仕事である。

7月に寅は推定年齢16歳を迎えた。人間であれば80歳ほど。出会って15年、犬の平均寿命とされる15歳を寅は超えたのである。

交通事故から1年となる11月、ラッキーは2歳になった。

季節は巡っていく――。

車いすの到着から1年となるクリスマスイブ。

須尚は車いすのタイヤを新品と交換した。メーカーから取り寄せたものである。タイヤの溝も随分と減っていた。ツルツルとまではいかないが、その手前ぐらいだ。使い続けていては、スリップの恐れもあろう。

(前輪駆動車のラッキー号は、この1年間、どのぐらい走ったのだろうか。運動公園の遊歩道は約2キロ。単純計算でも700キロ、このタイヤが支えてくれたのか。体の一部となってラッキーを支えてくれている。手術をしてくれた沖縄の先生にも本当に感謝感謝だ)

こう思うと、古タイヤも捨てることはできない。ガレージ内で大切に保管することにした。運動公園から戻ってきたガレージでは、寅とラッキーはリードをつけられたまま、ベッドで休む。

ラッキーが寅のベッドに移動する姿が多く見られた。暖かい陽射しを浴びて、昼寝をする2匹の姿は須尚、小夜子の心も温かくするものだった。

2

2015(平成27)年の2月1日の日曜日。運動公園で須尚は寅の姿に違和感を覚えた。

(あれっ、寅の歩き方がおぼつかないぞ。寒さのためか?)

ヨタヨタではなくヨチヨチと表現した方がよいぐらい、寅の歩き方が頼りない。自宅に戻ると食欲はあり、須尚は翌日も散歩に連れ出した。

3日後の4日の水曜日。

運動公園の仕事を引き揚げた須尚は、散歩を終えた2匹を温水でシャンプーしてやり、朝食を与えた。しかし、昨日までとは違って寅は食欲がなく、ほとんど残してしまった。これまで一度もなかったことである。その日の夕食も寅は残した。元気のなさが気になる。

動物病院があれば診てもらうが、その選択はない。須尚は見守るしかないが、

（16歳だから……もう、何があったとしてもおかしくはないのだろう）

と、ふと考えた。

5日の木曜日の朝、いつものように寅は起き上がり、ラッキーとじゃれ合っている。

（散歩に連れて行くべきか？）

ラッキーだけを連れ出そうか、とも思ったが、留守番させるのもしのびなく、寅も連れて行くことにした。寅の歩く距離は短く、芝生で休む時間が目についた。家では食欲がない状態だった。6日の金曜日も同様であったものの、7日の土曜日の食欲は旺盛で、残さなかった。

8日の日曜日の朝。午前6時過ぎ。運動公園に出向く準備をし、ガレージに下りた須尚は、ラッキーの表情にいつもと違う、暗いものがあるのを感じ取った。

朝一番に自分の姿を見れば、「散歩に連れて行ってもらえる！」と目を輝かすラッキーだが、今日はそうした明るさがない。

寅は、ベッドにうつぶせになったまま、目を閉じていた。寅が寝坊していたことはこれまで一度としてない。

（もしかしたら！）

寅はもう、動かなかった。体に触れてみると、まだ温もりは感じられた。

ラッキーは異変を感じ取っていたのか、どうしたらいいのか、と須尚を見つめている。

（まだ時間はそう経っていない）

寅（手前）のベッドにもぐりこんでいるラッキー

寅（右）のベッドでお昼寝をするラッキー

須尚は思い、小夜子を呼んだ。

「この4日ほど、寅は元気がなかったけれど」

須尚の脳裏には、寅と出会った頃が甦っていた。涙ぐみたいところだが、運動公園での仕事がある。

「寅は私の人生を変えた動物だった。16歳、大往生だろう」

須尚はこう言ってから、

「寅、お父さんはお仕事に行ってくるからね。待っとってね」

と膝を折り、寅の体を優しくなでた。さきほどより温もりは抜けている。寅に毛布をかぶせてから須尚は、ラッキーに車いすを装着して、運動公園に向かった。

午前9時前に戻った須尚は、小夜子に伝えた。

「寅が好きだった喜念浜に埋めに行こう」

徳之島には、本土や沖縄にあるようなペット専用の火葬場や霊園がない。

(寅との思い出の場所に埋めてあげるのが、せめてもの供養だろう)

寅の体を須尚は丁寧にシャンプーし、バスタオルで拭いて、ドライヤーで乾かした。

これまでなら、体を震わせて水を弾き飛ばした後、バスタオルで拭けば十分だったが、もう寅は動かないのである。

次いでラッキーも丁寧にシャンプーをした。

「ラッキー、お前が寅を看取ったんだな。寅から遺言も預かったんだろうな」

ラッキーの体を拭きながら、須尚は話しかけた。

ラッキーに食事を与え、しばらくベッドで休ませる間、須尚は線香、シャベルなどを準備し、スーパーに出向いて、花、黒糖焼酎などを買った。

再びラッキーに車いすを装着する。寅の遺体を、使っていた毛布にくるんで軽トラックに向かうと、ラッキーも須尚の後ろをついてくる。寅の遺体を荷台に乗せ、ラッキーを乗せた。

「ラッキー、お前なりに寅の死を受け止めているんだね」

須尚は寅と出会い、現在はホテル経営のカラオケ店となっている、かつての遊楽館ビルの周辺をゆっくりと、何度も回ってから喜念浜へ向かった。

途中、徳之島保健所を通り過ぎる。保健所の職員に寅の飼養を申し出たあの日、

「今日から15年以上、自分は飼育できる、と自信を持って言えますか?」

と言われた。須尚はその約束を果たしたのだった。

快晴の下、満ち潮の海はサンゴ礁の青さがくっきりと見られる。2月の冬場の昼どき。訪れている者は他にはいない。

須尚は白砂の浜辺に毛布にくるんだ寅の遺体を置き、毛布を開く。

「運動公園の仕事を始めてから、喜念浜には来なくなっていた。もう一度、寅をこの浜辺で遊ばせてやりたかった」

と涙ぐんだ。小夜子も、もらい泣きである。

喜念浜の白砂と1キロも続く砂丘を見れば、ラッキーはすぐさま走り出していたが、今日は須尚と小夜子のそばから動かない。やはり寅の死を受け止めている様子だった。

パイナップルに似た実をつけるアダンが群生する浜辺を見渡せる場所を選び、須尚はシャベルで50センチほどの深さ、寅が横たわれる幅の穴を掘る。

形見として首輪を外してから寅を横たえる。寅が好きだった缶詰のドッグフードを5缶開け、中身を口元の近くに置いた。

「寅、ありがとう」

須尚、小夜子、ラッキーが横たわった寅を見つめ、お別れをする。

「埋めるよ」

ゆっくりと土をかぶせる。花を立て、周囲を黒糖焼酎で清める。線香の束に火をつけ、須尚と小夜子は砂に立てた。ラッキーは須尚と小夜子の間に入り込む。

「寅の名前で、お寿司屋さんまで出したよねえ」

小夜子が懐かしそうに言う。須尚は大きくうなずいた。

「寅から学んだことは多かった。大きなケガや病気もなく、元気に私たちに寄り添ってくれた。寅、本当にありがとう。ゆっくりお休み下さい」

須尚が別れの言葉を述べ、須尚と小夜子は目を閉じ、しばし手を合わせた。波の音、風の音、野鳥のさえずりが二人の耳に入る。

寅が徳之島で生まれたのかはわからない。

鹿児島本土、奄美の他の島々、沖縄から連れて来られたのかもしれない。

はっきり言えるのは、島田家で15年余を過ごし、今、徳之島の土になることである。

長寿の島と誇る徳之島で、寅も天寿をまっとうしたのだ。

その日の夜。誠、こずえ、孝子に小夜子は寅の死を報告した。

須尚は寅の写真を2枚、上下に組み合わせて額に入れた。遺影である。額の下の縁に「H27年2月8日／没16歳」と銘記した。事務所の机の前に飾り、毎朝、運動公園に行く前に、

「寅、おはよう」

と話しかけるのが日課となった。

3

毎朝6時半から、約2時間かけてする清掃をはじめとした運動公園の管理の仕事も、2015（平成27）年3月31日で1年目を終えた。

一日の休みもなく、須尚は通い続け、徳之島町役場に報告も行った。

73キロあった体重は、1年間で68キロになっていた。

（公園内を歩くので足腰が弱らず、汗もかくのでいい運動になっている。しっかり食事を採っても、エネルギーとして消費されている）

須尚は思うが、ラッキーや亡くなった寅の散歩も兼ねられた点も、この仕事に携わってよかったなあと感じるのだった。

もちろん、「運動公園はいつ行っても掃除が行き届いている」「トイレがきれいになった」という評判もやりがいを与えてくれた。

（人様のお役に立てている、と思えるのは本当にありがたい。この仕事は天職だな。自分の体力が続く限りはやりたいものだ）

6月、徳之島で大きな話題となり、奄美群島の郷土紙で大きく扱われたニュースがあった。犬や猫などの小動物を対象にした動物病院が、徳之島の亀津に開院したのである。

院長でもある獣医が1人常駐して犬、猫の診療、手術、各種病気の予防を行い、一時的に預けるペットホテルやトリミングなどのサービスも始まった。

獣医は、東京の動物病院に勤務していた広島県出身の29歳で、2011（平成23）年に研修で1週間、徳之島に滞在して家畜の診察をした経験も持つ、と新聞で報じられた。

須尚の自宅から動物病院までは車で3分ほどだ。

（夢のようだな。ラッキーの身に何かあったら、お世話になれる。専門の獣医さんが徳之島におられる、とは本当に心強い。安心感がこれまでとは全然違う。徳之島で犬や猫を飼う人にと

徳之島総合運動公園で仕事をする須尚の後を追うラッキー

って、どれほどの朗報か。これは計り知れない)

須尚はわが事としてうれしく思うのだった。

11月にはラッキーが3歳の誕生日を迎えた。あの事故から2年が経った。

(交通事故の発生から6日目に、やっと獣医の先生に診てもらえた)

この一連の出来事を思い出すと、車で3分の場所に動物病院が開院、とはやはり信じられない思いになる。

(あのときは、安楽死も選択肢のひとつだった)

その選択を取らなくて本当によかった、と須尚はここでも考えた。

沖縄では誠が業務を拡大するため、これまでも工場のあった同じ沖縄市知花に、新しい工場を建てる準備を進めていた。2016(平成28)年の3月に親しい者を集めて、落成式の予定である。

「父さん、母さんも来てよ」

須尚は言われていた。

(よし、それに合わせて沖縄に行こう。ラッキーも連れて行こう。お世話になった獣医の先生を女房と訪ね、御礼を申し上げなければ)

須尚は小夜子と予定を立てる。

ラッキーが車いすを装着して、2年が過ぎた。昨年、タイヤを交換したが、そのタイヤの溝もすり減っていた。今年もまた、新しいタイヤを取り寄せた。

(年中行事だ。ラッキーが1年間、元気に走った何よりの証しだ)

この古タイヤも廃棄されず、ガレージの中で大切に保管されていく。

4

2016(平成28)年の元日も、須尚は運動公園の仕事だった。

年末年始の約2週間、小夜子は奄美大島の瀬戸内町古仁屋に帰省した。社会人の子どもたちも徳之島に帰省しなかったため、須尚はラッキーと年末年始を丸々過ごした。

(心身ともに元気とはありがたい)

しみじみと須尚は感じていた。

運動公園の管理の仕事で、野外の施設や看板のペンキ塗りを1月から3月にかけて行うため、人手がもう1人必要になった。日本に来て10年以上になるフィリピン出身の女性が働きたい、と希望し、須尚は1月付けで採用する。

須尚が車いすの犬の飼い主と知っており、散歩させている姿は何度か見た、犬用の車いすはラッキーの姿を見て初めて知った、と話した。

どうして車いすとなったのか、と彼女は須尚にたずねた。須尚は一通りを話す。息子のいる沖縄にフェリーで運んだと知り、彼女は驚きを隠さなかった。

「犬を飼っていると交通事故は怖いです」

彼女の言葉に須尚も、おっしゃる通り、と返答した。

「私も今、犬を飼っています。捨て犬でした。病気になって、亀津にできたばかりの動物病院に連れて行きましたよ」

犬の話は尽きない。

「フィリピンでは犬を食べます。私も食べたことがありますが、今、飼っている犬はもちろん、ペットです。食べませんよ」

話は彼女が子どもの頃にさかのぼった。子犬を拾った経験話である。

犬は彼女になついて、大きくなったが、ある日、学校から帰って来ると姿が見えない。いつもなら、自分が帰宅すると喜んで走ってくる犬が、その日に限っては現れないのだ。

家の周りで犬の名前を呼びながら探したが、姿はない。どこに行ったかわからないまま、夕食となった。この日はご馳走だった。テーブルには、各種の調味料と一緒に焼かれた肉が大皿に載っている。

「このお肉、おいしいね」

彼女は両親、きょうだいらに言った。何の肉か、と彼女は考えずに夢中で食べた。みんなも食べるのに夢中で、無言が続いたが、落ち着いた頃、彼女は、この肉の残りを犬に食べさせてあげたい、と思った。しかし、朝から行方不明である。犬の姿が見えないと話した。すると、彼女の父は、肉がまだ載っている大皿を指で示した……。

「ペットとして飼っているつもりでも、お父さんは太らせて、食べ頃になるまで待っていたわけか。フィリピンでは犬は家畜でもあるのですね」

須尚の言葉に彼女は苦笑いしたのだった。

5

事務所のカレンダーの1月25日月曜日には「人間ドック」と書かれていた。亀津の総合病院で行うものだ。

（念のためだが、異常なんて見つかるわけがない）

須尚はこう思っていた。

人間ドックの予約は、前年の２０１５（平成27）年の10月に入れたものである。その頃、同年齢の知人と久しぶりに行き会う機会があった。彼は肺がんと闘っている。

「健康第一よ。定期的に検査しなきゃ」

がんが見つかってもおかしくはない年齢だぞ、と知人は言わんとした。

「俺は酒もタバコもやらん。３６５日バリバリ働いている。健康、健康。公園の仕事でほどよくスリムにもなったし」

須尚は健康を自慢した。だが、自宅に戻ると、知人の言葉が妙に引っ掛かった。

（胃をはじめ内臓の検査はもう、何年やっていないのだろう？　10年は空いているか。脳ドックを受けたのは2年半前か。脳ドックも受けねばならないが、首から下も検査しておくか）

須尚は、首から下は健康そのもの、怖いのは頭の病気だ、と考えてきた。

脳梗塞、脳出血、くも膜下出血といった脳疾患で倒れたら、一命を取り留めても言葉や歩行などに様々な後遺症が残り、周囲の介護が必要になる。その心配から、ＭＲＩ（核磁気共鳴画像法）による脳ドックを亀津の総合病院で受けたが、異常なし、だった。

（運動公園の各施設が休みとなる月曜日に、人間ドックを受けてみるか。異常はないだろうから、帰ってきたらラッキーを連れて仕事に行けばいい）

須尚は総合病院に問い合わせた。胃腸外科専門医は病院に常駐しているのではなく、月に1回、月末に鹿児島市から来て1週間滞在し、診療や手術をしているとのことだ。人間ドックの予約は年内は一杯で、須尚は1月25日の予約を入れた。

（異常なんて見つかるわけがない。異常があれば、こうして毎日、仕事はできない）

須尚には自信があった。

1月24日の日曜日、徳之島は寒い日だった。お隣の奄美大島では115年ぶりに雪が降り、奄美群島最高峰の湯湾岳（ゆわんだけ）（694メートル）など各地で雪化粧が見られた。翌25日も引き続き、寒さが残った。

須尚は病院に行く。先端に胃カメラが装着された管を口から入れた。ベッドに横たわりながらモニター画面を仰ぎ見ていた。

胃の状態をモニター画面で見ている専門医の表情がにわかに曇り、険しくなった。

「これは……異常が見受けられます」

胃カメラを通すために喉を麻酔でうがいし、眠気も感じていた須尚の目は、まさかの言葉で覚めた。

「胃の細胞を採取します。病理検査のため、福岡に送ります。1週間後に検査結果が出るので、必ず来院して下さい」

朝晩の運動公園での仕事、ラッキーの散歩、食生活もいつも通りながら、落ち着かない1週間が過ぎた。

病理検査の結果は、胃がんだった。

それも胃の3分の2を手術で切除する必要があり、手術をしてから退院まで入院生活は1カ月かかる、という重い診断だった。幸いだったのは、血液検査における腫瘍マーカーの結果で、胃以外への転移が見られなかったことだ。

「胃がんは、自覚症状がないまま進行しますからね。胃がむかむかする、と気づいたときには既に手遅れとなり、亡くなるケースも少なくありません」

説明を受けたが、今、見つかったのは、人間ドックの予約を入れたのは、虫の知らせだったのかもしれない)

(自分には運があったのだろう。

須尚は冷静に受け止めた。

6

今、すぐにでも入院し、手術を受ける必要がある。しかし、安静にしてはいられない難しい事情も絡んでくる。

診察した専門医が次回、徳之島にやって来るのは2月末である。紹介状を持って鹿児島市内の病院で手術を受ける選択もあるが、そうなると、小夜子も看病のため、鹿児島市内に滞在することになり、経済的な負担も大きくなる。

須尚は、がんを見つけてくれた専門医の執刀を希望し、2月21日に入院、22日に手術をすることになった。

入院までに、運動公園での仕事の代役を決め、手術のために入院する旨も町長をはじめ町役場の関係者に伝えておかねばならない。予定していた電器屋の仕事も、片付けておかねばならない。

さらに、確定申告もある。2月16日から3月15日の間に、1年間の収入と支出をしかるべき書類を揃え、税務署に申告する。入院前に終えておかねばならないのだ。

加えて、重くのしかかる問題があった。

（入院中のラッキーの世話はどうすればいいのか？　散歩をさせ、ダニを取り、シャンプーをする、といった日々の世話は女房には無理だ）

お父さんが胃がんで手術を受ける――小夜子が沖縄にいる長男の誠、大阪にいる長女のこずえ、東京にいる次女の孝子に連絡した。

正月に帰省しなかった子どもたちも、島田家の一大事にそれぞれ帰省し、見舞いや実家の手伝いをすることになった。

中でも、大阪で保育園に勤務しているこずえは、入院の数日前から退院後まで1カ月以上を見込んだ長期休暇を取り、ラッキーの世話の担当を約束してくれた。

須尚は心配もなく、入院できるのはありがたい限りだった。

（今度は自分ががんばる番だ。ラッキー、お父さんはがんばるよ）

ラッキーを見ては、須尚は心の中で話しかけていた。

2月21日に入院、22日に手術が行われた。

手術前の体重は68キロ。手術後、集中治療室から出て、自力で歩けるようになったのは手術から4日後だった。退院は3月24日、56キロまで体重が減った。誠の新工場の落成式のために沖縄に行き、動物病院へあいさつにも行く、と張り切っていたが、予期しない事態となり、新工場の落成式も延期となった。

自力で歩けるようになってから退院まで、須尚を支えたのはラッキーだった。

手術から5日後、病院の玄関の外にまで出られるようになった須尚のところに、毎日午後3時、こずえがラッキーを連れてきてくれた。家から病院までは約1キロである。こずえは散歩のルートに病院を組み入れ、須尚を喜ばせた。

病院内に犬は入れないが、玄関の外は問題がない。須尚がラッキーとこずえを待つかたちとなった。

須尚の近くまで行くと、こずえはリードを外した。ラッキーは須尚に駆け寄り、元気な姿を見せてくれた。

徳之島の3月は暖かく、須尚は30分ほどラッキーと過ごしていた。

翌日にはまた会えるのに、自宅に戻るラッキーの姿に須尚は寂しさを感じもした。

(手術に耐え、ラッキーはがんばってきた。自分もがんばらねば)

自分をそう励まし、入院生活を過ごしたのだった。

7

3月24日、退院の日を迎えた須尚だが、静養に専念するだけの生活はできなかった。運動公園の管理の仕事をどうするのか、という難題が残っている。

1カ月ぶりに運動公園に戻ってきたラッキーは、シロとの散歩を楽しんだ。

「島田さんが入院した！」というニュースは、日頃のエネルギッシュな須尚を知る人々には衝撃的だった。見舞いに訪れた者、退院後、自宅へ見舞いに来た者は、

「島田さんは仕事に厳しく手抜きができない。仕事の上では必要な資質でも、そのストレスががんを引き起こしたのでは？　もう、ゆっくりしないと」

「几帳面過ぎるよ、島田さんは。生活を見直さなきゃ。今年の11月で67歳になるって？　民間会社でも65歳が定年退職じゃないの」

皆が親身になって心配してくれた。

しばらくは、リハビリ代わりに事務所やガレージを整理整頓して、運動公園の仕事に復帰するつもりだったが、

（再び運動公園で働けば、周囲に迷惑をかけるかもしれない）

と考えるようにもなった。

小夜子、誠、こずえ、孝子らも、ゆっくりして欲しいと口にした。これから毎月末は、執刀した専門医の診察を受ける。がんは手術後、再発や転移の心配がつきまとう。

（ラッキーのことを考えると、この先10年、いや15年はがんばらないといけない。胃がんは自

分に与えられた試練だが、生活を見直しなさいよ、という天の配剤だろう。自分の体は自分だけのものではない。家族と、家族の一員であるラッキーのものでもある）

不注意から交通事故に遭わせてしまい、車いすの犬となったラッキー。

自分の足で駆け回れるはずの自由を奪ってしまった負い目から、ラッキーを看取るまでは自分は死ねないぞ、と須尚はこのときも感じたのだった。

須尚は自身の健康を第一に考え、6月30日をもって「健康クラブ」の代表から退き、新代表を決め、新たな職員も雇用することで調整し、役場や関係者に了解を得た。

しかし、この決断は、

（ラッキーには申し訳ないことになった）

と自責の念を抱かせるものにもなったのである。

「健康クラブ」は自分が立ち上げた組織とはいえ、新代表が動き始める7月1日以降、運動公園に行くことは控えなければいけない、と自覚させられたのだ。退職した社長に、退職後も頻繁に顔を出されたのでは、新社長も社員も迷惑に感じるものである。

ラッキーの散歩とはいえ、運動公園に行けば、「もう任せてくれたのだろう？」「私たちの仕事ぶりを何かとチェックしているか？」と受け止められかねない。

運動公園で散歩ができなくなる……これは、ラッキーとシロの〝お別れ〟を意味した。

シロが須尚になついていれば、ラッキーと一緒に飼うこともできるのだろうが、シロは須尚に体をさわらせるほどまでは心を開かなかった。

小さな島の同じ町内の人間関係も、こんな場合は難しいものなのである。ラッキーは、人間社会の犠牲を被るかたちになった。

7月1日以降のラッキーの散歩をどうするか？　須尚自身も体を適度に動かさなければ、足腰も弱まり、この先、10年、15年、ラッキーとは過ごせない。

（単にラッキーの散歩に連れ添って歩いているだけではなあ）

須尚は一日のうち、いつ散歩に連れ出すか、場所をどうするか、を考えているうちに、

（これから暑くはなってくるが、朝夕、自宅から近い亀津新漁港に連れて行くのがいいのだろう。寅との思い出の場所、ラッキーが沖縄から帰り、車いすが来るまで歩行訓練をした原点の地でもある）

と思い至り、

（平坦な広い敷地を歩くのは健康維持にもいい。町役場や町の人にも迷惑をかけたし、漁港に落ちているゴミでも拾い集めて、せめてものボランティアをさせて頂こう。原点の地で自分も新たな一歩を踏み出そうじゃないか）

と決意した。

毎朝、午前5時半頃に起きていた須尚だが、午前7時少し前に起きるゆったりとした生活ペースが始まった。

8

須尚は、朝夕の亀津新漁港での散歩を終えると、軽トラックの荷台の上でラッキーの体に付着したダニを指先でつまみ捕り、ガムテープに貼り付けて駆除をする。寅を飼い始めてから続いている習慣でもある。

「寅は見事に天寿をまっとうした、老衰だったのだろう」

と須尚は思う。苦しむような病気もなく16歳まで生きることができたのは、この温暖な自然環境の中、蚊によって媒介され、犬の心臓に寄生虫が住みつくフィラリアにかからなかったことも幸運だった、と言うべきか。

10月中旬、須尚は思い立つ。

(健康そのもの、と疑いようもなかった自分も胃がんの手術をした。ラッキーだって、フィラリアにかかっていない、とは言い切れない)

ネットで犬の病気を検索してみると、フィラリアが多くヒットしたが、閲覧してゆくと、ダニやノミ、体の中に住みつく回虫、鉤虫(こうちゅう)、鞭虫(べんちゅう)など、犬の健康を損なうあらゆる寄生虫に対して極めて効果の高い予防薬が現在は流通しており、月1回、1錠を直接食べさせるか、餌に混ぜて食べさせるかで済むという。

動物病院が開院し、徳之島の犬の飼い主に寄生虫予防の意識が芽生え、「予防の飲み薬は効果てきめん」と須尚は耳にしていた。

須尚は自らが胃がんとなってみて、過信と油断の恐ろしさを身をもって知った。

この予防薬はドラッグストアで気軽に買えるものではなく、獣医を訪ねて、まずフィラリアにかかっていないか、血液検査を行い、陰性と診断されてからの投薬となる。小型犬、中型犬、大型犬とそれぞれに薬の使用量が異なるが、体重を測定して、適切な服用量を獣医が判断する。月に1回、服用させるだけであらゆる寄生虫の脅威を抑えてくれるこの薬は、犬の嗜好性も意識して、牛肉の風味で、軽い力でかみくだけるソフトチュアブル錠の仕様である。ソフトチュアブル錠は、人間の薬でも適用されており、水なしで服用できる。

効果の高い薬であるため、安いものではない。1錠で2500円前後はする。フィラリアの検査費用も別途かかる。

(予防ができるのなら、決して高くはない。安心できるならば、安いものだ。ラッキーには寅のように長生きをしてもらいたい)

須尚は動物病院に電話をし、この予防薬の処方を希望している、そのために必要なフィラリアの検査もしてもらいたい、と伝えた。

検査は予約の必要はなく、今日これからでもどうぞ、と教えられ、須尚はすぐに動物病院に向かった。

獣医とは初対面である。ラッキーも初対面である。ラッキーが車いすとなった理由をたずねられ、須尚は経緯を説明した。

「毎日、ダニは駆除しています。健康優良児ですが、やはりフィラリアは心配ですので」

動物病院に到着してから、ラッキーは興奮もせず、吠えもしない。検査が始まる。車いすを外されたラッキーは診察台の上でうつぶせの体勢にされた。

「では、体重を量ります」

獣医のこの言葉に、

(そういえば、自分は一度もラッキーの体重を量ったことはなかったなあ)

と須尚は気づいた。

診察台に設置されている体重計は12・7キロと表示された。

続いては検温だ。尻の穴に動物検温計を差し込み、発熱の状態ではない、と確認された。うつぶせから横向けにされたラッキーの体を押さえ、右前足から採血する。

須尚はスタッフとともにラッキーの体を押さえた。ラッキーの右前足に注射針が刺さり、採血時、痛みをこらえる表情を見せるが、吠えない。採血のとき、痛みで吠える犬もいるそうである。診察室から獣医は検査室に移動した。

(健康であっても、万一の場合もあり得る。もしフィラリアと診断されたら……)

須尚は診察室でうつぶせに戻ったラッキーを見て、思った。自身の胃の検査が思い出されてきた。獣医は、5分ほどで戻った。

「島田さん、お待たせしました。フィラリアについてですが」

須尚は緊張する。

「陰性でした。その他の寄生虫が内臓にいる可能性も考えられません。安心して予防薬の服用を開始できます」

この言葉に、須尚は一安心した。

正確にはフィラリア抗原検査と言うらしい。陰性となっている検査キットと、患者向けのパンフレットにある陰性を表示しているキットの写真を獣医は見せ、間違いのないことを須尚に確認させた。

「ラッキー、よかったなあ。健康だってよ」

須尚はラッキーに話しかけた。〝防蚊〟には限界がある環境とはいえ、自分の日々のケアもそれなりに役立ってきたのではないか、とうれしくもなった。

半年分6錠の購入を決め、6錠を使い切ったら、また、動物病院を訪れ、念のために検査を受けていこうと心に決めた。

その日のラッキーの夕食には、薬が1錠入れられた。

9

２０１６年11月5日、須尚は67歳の誕生日を迎えた。

徳之島町役場に届けてあるラッキーの誕生日は11月5日であり、ラッキーは4歳となった。

交通事故からは3年が経った。

「ラッキー、お誕生日おめでとう。お父さんも今日が誕生日だよ」

誕生日当日、須尚はラッキーに笑顔で話しかけた。

ペットを取り巻く徳之島の環境は、大きな改善を見せていた。

徳之島保健所では、霧島市にある鹿児島県動物愛護センターと連携を強化し、鹿児島市内の動物愛護団体の協力も得て、犬の殺処分の改善に取り組み、新しい飼い主を見つける方向にシフトしていた。

ネットも利用した里親探しが徳之島を越えて展開され、犬の譲渡数が増えたのだ。須尚は歓迎しつつも考えた。

（今後は本土のように、ペット専用の火葬場や霊園、ドッグランも必要になるのではないか）

２０１７（平成29）年の元日の朝。須尚は、ラッキーとともに喜念浜に行った。寅が眠る場所を訪ね、花を立て、線香をあげ、手を合わせた。

「寅、あけましておめでとう」

昨年の元日は、運動公園での仕事があった。

「寅、久しぶりだね。お父さん、病気もあって足が遠のいていた。ごめんな」

初日の出が太平洋から昇る中、須尚は寅に近況報告をする。ラッキーは須尚の横でしばし神妙にたたずんでいたが、頃合いを見て、白い砂浜を駆け回った。

「自動車なら砂浜の走行が難しい場合もあるのに、車いすのラッキーは軽快だ。寅もうれしいだろう」

須尚は微笑ましく眺め、そうつぶやいた。

自宅に戻り、ラッキーに食事を与えてから、小夜子と近くの神社に初詣に行った。

（初詣に行くなんて、久しぶりだ。昨年の正月、女房は実家に行っていて、自分はラッキーと過ごしていたんだよな）

須尚の中で、昨年のことがいろいろと思い起こされる。

おせち料理、雑煮を食べ、年賀状に目を通した後、元日でも日曜日ゆえ、須尚は墓参りに行った。

その後、須尚はラッキーに留守番をさせ、小夜子と一緒に島内をゆっくり一周するドライブに出掛けた。

海沿いを走れば周囲約84キロの徳之島。亀津から太平洋側を北上して、東シナ海側に出て、天城町の徳之島空港のレストランで昼食を食べた。

「今の場所に店と家を構えて今年で40年か」

「早いものねえ」

家庭とはまた違う時間を須尚は小夜子と過ごし、思い出話に花を咲かせた。

手術や入院の一大事はあったが、それを経て生活に時間の余裕ができた。

空港の観光案内所には、元日から4日連続で開催される正月の闘牛大会のポスターが貼られている。駐車場に戻る際、ポスターを目に留めた須尚は、

「あさって3日の全島大会、行ってみようか」

と小夜子に言った。

闘牛大会でも最大の見どころは、徳之島最強の牛を決定する無差別級の全島一優勝旗争奪戦である点は今も昔も変わらない。須尚は、王者防衛、新王者誕生と全島一優勝旗争奪戦における数々の歴史的な瞬間をビデオカメラをまわしながら目撃してきた。

全島一優勝旗争奪戦がメインイベントとなる全島大会は、750キロ以下のミニ軽量級優勝旗の争奪戦も行われるダブルタイトルマッチである。体重別に分けられた闘牛のタイトルはこの2つの他に、950キロ以下の中量級優勝旗、850キロ以下の軽量級優勝旗がある。4つのタイトルマッチは横綱同士で争われる。

2日、3日の朝、須尚は朝、ラッキーを連れて亀津新漁港へ行く。いつものように、ラッキ

ーが散歩をしている間、須尚は漁港内のゴミを拾っていく。

3日は自宅に戻ってラッキーに食事を与えてから、伊仙町は目手久のドーム闘牛場「徳之島なくさみ館」に急いだ。全部で10番ある取組において、最初の取組の始まった午前10時には、3000人を超える人々で立錐の余地もないほどに埋まった。須尚と小夜子は、9時半少し前に到着したことで無事に座れた。屋台が出ており、そこで買い求めた焼きそばを食べながらの観戦である。

「観客として闘牛を観戦するなんて、子どもの頃以来だよなあ」

須尚は、牛主となった時期、毎週のように闘牛大会があり、闘牛大会を撮影、編集し、闘牛ビデオを販売していた時代を思い出していた。

「かつてのクセだな、どういうアングルで撮影すればいいか、なんて考えてしまうよ。野外の闘牛場とは違うしな。雨を気にしなくて済むのは興行主、牛主はもちろん、お客さんにとっても大きいな」

須尚にとって、全天候型のドーム闘牛場の客席に身を置くのは初めてのことだった。

正月にゆったりとした時間を過ごせたからだろう、須尚は「宿題」を思い出した。

(誠が自力で構えた新たな工場を訪ねるときには、お世話になった沖縄市の獣医の先生にごあいさつに行かねば、と思っていたが、どちらもほったらかしたままだ。女房と沖縄に行かねば)

須尚は誠と連絡を取る。それぞれの仕事の都合を相談して、1月10日から12日の沖縄滞在が決まった。

徳之島から沖縄に行くフェリーは10日の午前1時20分に亀徳新港を出港する夜間のものを利用し、沖縄帰りのフェリーは12日、かつてラッキーも乗船した午前7時の那覇港出港、亀徳新港入港午後4時30分、と決めた。

夜間のフェリーは神戸、大阪、名瀬と下ってくるもので、毎日は運行していない。徳之島には神戸を出港して3日目に入港する。亀徳新港の次は沖永良部島の和泊港で、和泊港を出港後は那覇港まで寄港せず、那覇港には午前8時30分に入港だった。

那覇港には誠とあずさが迎えに出向くが、

「那覇港に到着したら、すぐに動物病院にごあいさつにうかがいたい」

と伝えておいた。

(先生にラッキーの現在の姿を見てもらおう)

当初は思っていた須尚だが、小夜子と相談し、2日半、留守番させることにした。

ガレージから小夜子の車を出して、広くなったスペースにスノコ板のベッドを3つ設置する。このひとつは、寅が使っていたものだ。シャッターを閉め、リードも外す。

餌と水をガレージのあちこちに置き、自由に動けるようにしておく。ラッキーが寝るとき、ガレージでは60ワットの白熱灯を常夜灯として灯しているが、2日半、つけっぱなしにしておいて、留守番をさせる。

徳之島の動物病院にはペットホテルもあり、利用も考えたが、

(健常な犬であれば、それもいいだろうが)

と踏まえ、最終的には、こう判断した。

(車いすの犬であれば、動物病院側も何かと気を遣うだろう。それでは申し訳ない。慣れたわが家がいいだろう)

須尚は出発当日の直前まで、

「ラッキー、お父さんとお母さんは沖縄に行ってくるよ。ラッキーを手術してくれた先生にごあいさつしてくるからね。ラッキーはお留守番だよ」

と何度も話しかけた。

10日の朝、那覇港に到着するや、誠とあずさの出迎えの車は北上し、沖縄市内の動物病院に向かった。徳之島産の黒糖焼酎を一升瓶で2本、院長への手土産にした須尚と小夜子は、

「本当にその節はラッキーがお世話になり、ありがとうございました」

と深く頭を垂れ、直接、礼を述べるのが遅くなったことをわびた。

ラッキーを連れては来られなかったものの、須尚はデジタルカメラで撮影したラッキーが車いすで走っている姿、車いすでたたずむ姿の写真を2枚、用意していた。

「手術をして頂いて3年余、ラッキーは元気に過ごしております」

須尚は報告した。

「元気な様子をうかがえ、私も本当にうれしく思います。あのとき、徳之島から運んでくる、と誠さんからお聞きしたときは驚きましたよ」

院長はこう述べてから、

「自力で歩き、走れるのが理想と思い、可能な限り脊髄の神経をつなぎましたが」

写真を見ながら言ったが、須尚は制するように、

「元気のない姿で徳之島から沖縄に行ったラッキーが、元気になって帰ってきてくれた。目に宿る力がまったく違っていました。先生に助けて頂いたおかげです。車いすを付けて喜んで毎日走っている姿を見て、先生に手術をして頂かなかったら、と考えさせられてきました。本当にありがとうございました」

感謝の思いを伝えたのだった。

須尚と小夜子は、院長を含めた動物病院のスタッフ4人と並んで病院の前で記念の写真を誠に撮ってもらった。

「いつかはラッキーも連れてきたいと思っております」

動物病院を後にする間際、須尚は院長に伝えた。

その後、須尚、小夜子は誠の新工場を訪ねた。看板の類はひとつも掲げず、ホームページもない工場だが、口コミで客を集めていた。外国の高級車、スポーツカーが工場には入っている。

「今は4台の車のエンジンを修理中。おかげさまで忙しいよ。旋盤で部品も作るしね」

誠の言葉を聞きながら須尚は、立派な工場を見回しつつ、多くの顧客に支えられていることに頼もしさを感じた。

「そういえば、先生は誠の工場のお客さんなんだよな」

「そう。出会いはそこから」

須尚はあらためて不思議な人の縁を感じた。

須尚と小夜子は、嘉手納町の誠の自宅で旅装を解いた。

この家で、この家の庭で、ラッキーが過ごしていたのか、と二人には感じ入るものがあった。

「お義父さん、お義母さん、わが家のリュウを見て下さい。ラッキーにとてもよく似ているでしょう?」

あずさが話しかける。

「ほんと、そっくりねえ」

小夜子は目を細めた。

「ラッキーが徳之島に帰ってから、1カ月ほどして、こんなことがありましたよ」

あずさが庭の方に目を向けて言う。小学生の集団が、剃毛されたラッキーの姿に驚きつつも、あずさに「早く治るといいね」と話しかけてきた。ラッキーが徳之島に戻った後、今度はリュウが庭にいる姿を見て、あずさは「おねえちゃん、治ったの?」とたずねられたという。

ラッキーがいたときも、リュウはいた。とはいえ、剃毛されたラッキーの姿のインパクトがあまりに大きかったためか、リュウは子どもたちの視界には入らなかったらしい。

　リュウの姿を見て、すっかりラッキーが治ったもの、と思い込んだのか、とあずさは得心し、

「そう、治ったのよ。心配してくれて本当にありがとうね」と言った。子どもたちは「治ったんだーッ！　スゲエーッ！」と大歓声をあげたのだった。

「へー、そんなことが。子どもらしい見方だなあ」

　須尚は感心した。そして、

「ゆっくりと沖縄を満喫したいところだけれど、ラッキーがお留守番をしているから、予定通り帰らないといけない。おりこうさんにしているか、気になるよ」

と笑った。

　予定通り徳之島に戻り、ガレージを開ける。ラッキーは即座に須尚と小夜子に向かって前足で前進してきた。

「ラッキー、ただいま。お父さんとお母さんはね、ラッキーを手術してくれた先生にごあいさつしてきたよ」

　須尚はラッキーの喉元をなでながら、話しかけ、車いすを付けて、散歩に連れ出した。

沖縄から戻ると、電器屋の仕事で慌ただしい日常が始まった。

2月8日の水曜日は、寅が亡くなって2年。三回忌にあたる。

仕事場にある遺影を眺め、反省の気持ちもあった須尚は、ラッキーとともに喜念浜を訪れ、

（昨年は入院をしていたから喜念浜に行けなかった。今年は会いに行くからね）

寅が眠る場所に線香を立て、手を合わせた。

3月7日、徳之島を含めた奄美群島は34カ所目の国立公園に指定された。

陸域約4万2000ヘクタールと海域約3万3000ヘクタールに及び、2018（平成30）年夏に予定される奄美大島、徳之島、沖縄島北部、西表島からなる「奄美・琉球」の世界自然遺産登録を目指すのに先駆けた国立公園化だった。

奄美群島国立公園は、従来の国立公園にはない生態系管理型と環境文化型の二本柱が特徴だ。国内最大規模の亜熱帯照葉樹林、貴重な動植物が育まれる豊かな自然環境、人々と自然のつながりを示す文化や集落の景観を資源と位置づけるものである。

（先人が残してくれたふるさとの自然、文化がとても価値あるもの、と私たち島人が認識する機会になった。世界自然遺産を目指しているのだから、野外でのゴミの投げ捨て、不法投棄、犬や猫の遺棄などはしないよう、私たちがマナーを守らないと、島外からのお客さんを歓迎する資格もないはず。次世代に島の自然、文化を引き継いでいくためにも）

須尚はあらためて思ったが、相も変わらず、亀津新漁港にはゴミが捨てられている。朝方に

ゴミを拾っても、夕方には日中に捨てられたゴミが、翌朝には夜間に捨てられたゴミがある。しかし、そんな亀津新漁港こそが、須尚にとって、寅と過ごした日々、沖縄から帰ってきたラッキーと車いすが到着するまで歩行訓練を繰り返した、思い出が詰まった原点の場所なのだ。

亀津新漁港の防波堤のコンクリート壁の一角にペンキで描かれた壁画がある。

須尚の目にも、ラッキーの目にも、それはいつも触れている。亡き寅の目にも触れていたはずの風景の一部だ。

縦2・5メートル、横4メートルの絵で、青い海の白い砂浜に2匹のカニが横ばいし、ハイビスカスの花、ヤシの木が2本と南国情緒が描かれている。「平成5・6年成人記念」と製作者名も記されている。徳之島町の1993(平成5)年と1994(平成6)年の新成人たちが共同で描いたものだ。

この絵にはひと際大きく、「おぼらだれん」と黒字で書かれている。

島言葉で「ありがとう」「感謝」を意味する言葉だ。

須尚とラッキーの、支えて支えられる、持ちつ持たれつの関係は、島言葉で共助を意味するユイ(結い)そのものである。

須尚と犬たちについて語るとき、これに勝る言葉はない。

捨て犬だったラッキーにとって須尚は、父親であり、友達でもある、最も信頼できる存在だ。

寅やラッキーへの須尚の思いやりを「徳」とすれば、須尚が寅と過ごし、ラッキーと過ごしている、この南の島が「徳のある島」こと「徳之島」であるのは偶然ではないだろう。

「ラッキーのことを考えると、自分はこの先、10年、いや15年はがんばらないといけない」

須尚は誓いを立てた。

寅は16歳になるまで元気いっぱいに生き抜いた。

ラッキーはどうだろうか。ラッキーが16歳、17歳となったとき、車いすで散歩もできず、日常的に寝たきりで介護が必要となり、目やに、鼻水を垂らす姿になっているかもしれない。

「ラッキー、すっかりおじいちゃんになったなあ。人間の年齢では、お父さんとほぼ同じ80歳だぞ」

そう話しかける日が来ても、須尚は現実を受け止めて、この命を慈(いつく)しみたいと思う。

島田須尚とラッキーは、これからも長寿の島である徳之島で月日を重ねてゆく。

亀津新漁港での須尚とラッキー。壁には「おぼらだれん」が

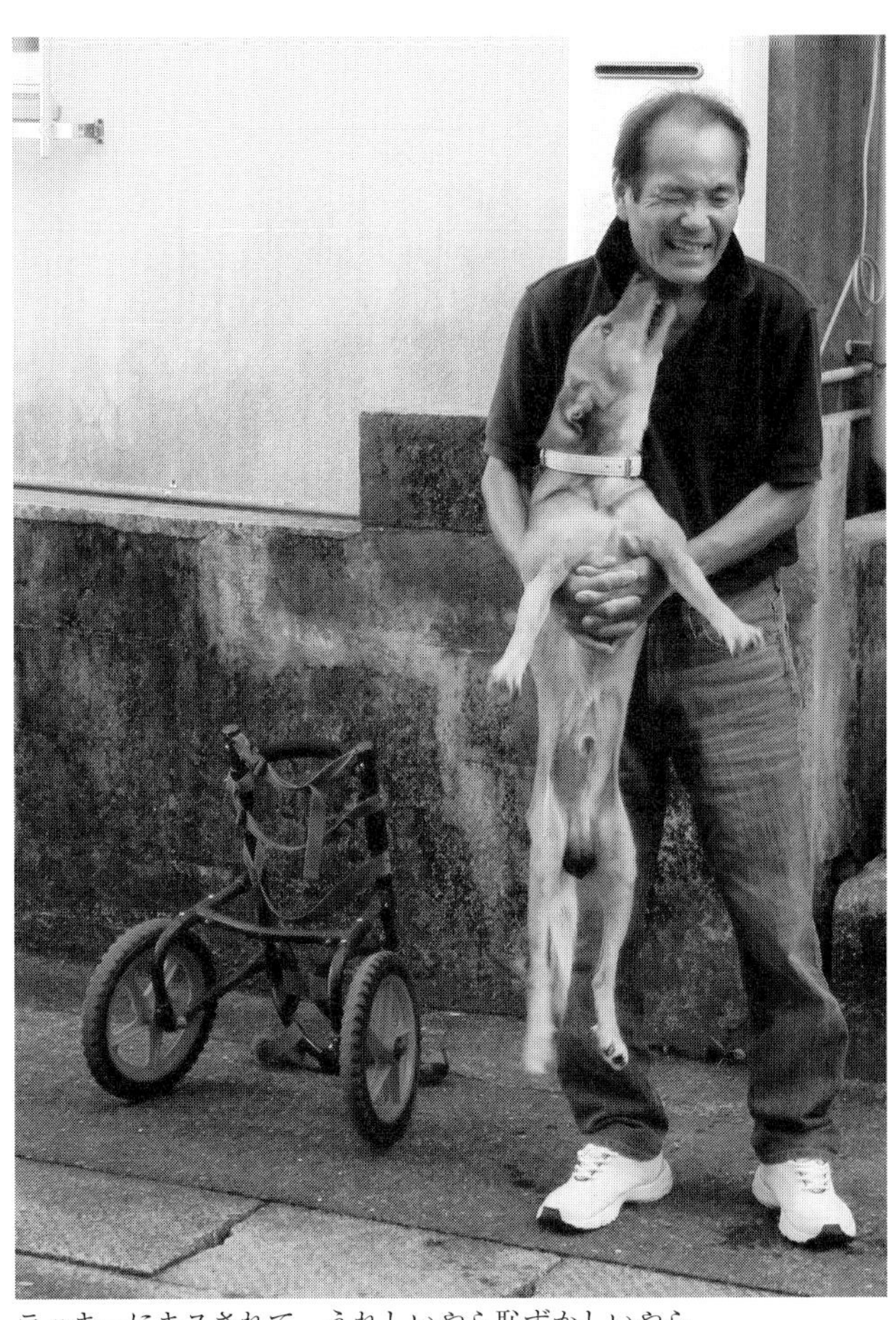

ラッキーにキスされて、うれしいやら恥ずかしいやら

あとがき

私が徳之島を初めて訪れたのは、1990（平成2）年の11月だった。

都内の薬科大学に在学していた私は、毒蛇のハブによる被害の調査のため、徳之島保健所を訪ねた。滞在中、島の生活伝統文化である闘牛にも興味を抱き、44戦42勝1敗1引き分け（勝率9割5分5厘）の空前絶後の大記録を樹立、徳之島闘牛史上最強にして最高の人気を誇った名牛「実熊牛（さねくまぎゅう）」と愛牛夫婦についてのノンフィクション『闘牛の島』（1997年に新潮社より刊行。2011年に毎日新聞出版から『闘牛』と改題して復刻）を執筆するきっかけにもなった。そんなご縁で、私は徳之島闘牛連合会から初代の徳之島闘牛大使を2014（平成26）年5月に仰せつかり、今も徳之島通いを続けている。

私が本書の主人公であるラッキーと出会ったのは、2015（平成27）年のゴールデンウィーク中の5月5日の朝だった。闘牛大会の観戦が終わり、東京に戻るため、徳之島空港に向かって、徳之島町の亀津中央通りをレンタカーで走っていたとき、運転席の右手から車いすの犬が、軽快に左折する姿が見えたのだ。

（いったい、あの犬は？）

慌てて引き返したが、もう姿はなかった。

（ハブに咬まれての後遺症による歩行障がいか？）

と考えたが、近くの人に「今、こういう犬を見まして」と訊く時間もない。

（次回の訪島で会えるだろうか？）

そう思いつつ、私は徳之島空港から鹿児島空港経由で東京に戻った。

半年後の10月末、私は再び徳之島を訪れた。闘牛大会が10月31日の土曜日にあり、翌11月1日の日曜日、私は友人と出掛ける約束をし、亀津中央通りをレンタカーで走っていた。

すると、半年前と同じように、同じ場所で車いすの犬が左折したのである。友人とは、亀津中央通りの土産店で待ち合わせの約束だった。待ち合わせ時間も迫り、私は犬を追うのを諦めた。半年前に気になった犬を今見た、と友人に会うなり話すと、

「ああ、〝島田さん〟の」

と言うではないか。あの犬と〝島田さん〟は、島の人々に周知されているようだった。

「飼い主の方にお目に掛かれれば」

私が言うと、友人は島田氏と顔なじみだった。

「今、行ってみましょうか」

予定を変更し、友人の案内で島田氏宅を訪ねた。

突然の訪問にもかかわらず、島田氏は歓迎してくれた。車いすの犬はガレージにおり、島田氏はジャブジャブことシャンプーの準備中だった。闘牛ビデオを商品化した、あの〝島田さん〟だった、とは驚かされた。

30分ほどの立ち話で、私はこの犬の名前が「ラッキー」であると知り、島田氏からラッキーの生い立ちをうかがった。この日、半年前と二度、同じ場所でラッキーの姿を見たのは、島田電器商会の店の前だったのだ。徳之島総合運動公園の管理の仕事を終えて、店の前に軽トラッ

クを停め、車いすのラッキーを降ろしたところを見たわけである。

足元を軽快に走る、間もなく3歳となるラッキーの姿には心を動かされた。

交通事故の直後、当時の徳之島では治療ができないため、ラッキーの安楽死という選択肢が目の前にぶら下がった中でも、選ばなかった島田氏の決断も私の胸に迫った。

かつて私は、「飼うのに飽きた」「大きくなり、かわいくなくなった」「引っ越し先がペット不可」といった飼い主のさまざまな理由から、家族の一員として飼っていた健康な犬や猫を保健所や動物愛護センターに託す殺処分の現場を取材した経験があった。病気、ケガ、老いによる介護が必要となった犬や猫の安楽死を飼い主が希望し、保健所や動物愛護センターに持ち込む現実もあわせて知り得た。

これらの取材経験を踏まえ、2006（平成18）年に毎日新聞出版から『ドリームボックス　殺されてゆくペットたち』を刊行した（2011年に河出書房新社より『ペット殺処分　ドリームボックスに入れられる犬猫たち』と改題して文庫化）。

ドリームボックスは炭酸ガスドリーム装置と呼ばれ、呼吸を止めて殺処分する設備であることは、本書でも触れた通りだ。

『ドリームボックス』の刊行当時、全国で年間に犬猫を合わせて約40万匹が殺処分されていた。参考までに、NPO法人『地球生物会議（ALIVE（アライブ））』が刊行している「全国動物行政アンケート結果報告書」からの統計を具体的にお借りする。

2003（平成15）年度の犬猫の殺処分数は全国で43万9837匹（犬＝16万4209匹、猫＝27万5628匹）、2005（平成17）年度は全国で36万3935匹（犬＝13万2238

匹、猫＝23万1697匹）だった。

近年は行政、マスメディア、愛護団体が三位一体で協力し、不妊去勢手術の推進、殺処分についての啓蒙を行い、ネットでの情報提供にも力を入れて犬猫の譲渡率も上がり、殺処分数は年々減ってはいる。

2013（平成25）年度の殺処分数は全国で13万6029匹（犬2万9383匹、猫10万6646匹）であった。40万匹と比較すれば3分の1に減ったとは言えるが、「まだまだ多い」という声があるのも当然だろう。

殺処分の現場で、ペット大国ニッポンの一面という現実を考えさせられてきただけに、私が車いすのラッキーの姿、寄り添う島田氏に感銘したのもわかって頂けよう。

島田氏は、事務所に飾っている寅の遺影も見せてくれた。

「寅との出会いが私にあったから、ラッキーとの出会いもあった。犬を飼うような男ではなかった私が、寅との出会いから人生が変わった。人間的に丸くなり、成長できた気がします」

島田氏の話を聞きながら、私の中に本書の構想が芽生えた。〝終生飼養〟を拒む、多くの飼い主も見てきただけに、島田氏の姿から私は、

（誰にでもできることではない。ここまでされる方は少なかろう）

と考えさせられたのだ。

40年以上前の話になるが、私の家では犬を飼っていた。私が4歳のときに犬の急性伝染病で、死亡率の高いウイルス性疾患の犬ジステンパー症にかかって死んだ。

このとき、私は泣いた。なぜ、泣いたのか？　単に犬という動物ではなく、家族の一員であ

ることに、子どもも心でも気づいたからだった。以来、死を看取る辛さを思い、私は犬や猫は飼っていない。仮にこれから犬を飼育したとしても、交通事故に遭わせてしまったら、島田氏のような意志を貫けるだろうか……島田氏とラッキーと出会ったこの日、自問自答もした。

翌11月2日の朝、私は徳之島総合運動公園でラッキーが島田氏の後ろを元気よくついてくる姿、さらにラッキーとシロの仲も見させてもらった。

2016(平成28)年と改まり、私は1月3日から6日の徳之島の滞在で、毎朝、ラッキーが島田氏の仕事のお供をする姿を追い、亀津の島田氏宅で話をうかがった。

沖縄に運ばれたラッキーをサポートした島田氏の長男の誠氏、あずさ氏の御夫妻、ラッキーを手術した沖縄市内の動物病院の院長先生にもお目にかかりたいと考えるに至り、同年3月に私は沖縄で面会の時間も頂いた。院長先生も、ラッキーの経過が気になっており、私は徳之島で撮影した動画のDVDをお渡しした。

だが、沖縄に行く前、島田氏が1月に胃がんと診断され、2月に手術を受ける事態が生じていた。手術後の島田氏と再会したのは、同2016年の10月だった。6月いっぱいで運動公園の管理の仕事からは離れたが、亀津新漁港でのボランティアを始めて3カ月が経過していた。

間もなく4歳を迎えるラッキーに対し、寅と同様に天寿をまっとうしてもらいたい、そのためにも自分もがんばらねば、という誓いの言葉をうかがった。

2017(平成29)年3月の徳之島を含めた奄美群島の国立公園の決定に伴い、2018(平成30)年の夏にも予定される「奄美・琉球」の世界自然遺産の登録を目指して、今後は何かと徳之島も注目もされ、自然や文化をはじめとして各種の情報もこれまで以上に発信されていくはずである。そうした時勢の中、私は本書で「徳之島には車いすの犬のラッキーがいる」と発信する機会を得た。

皆様も是非、徳之島を訪ねて下されば、と願う。徳之島町の亀津新漁港にラッキーは朝夕、島田氏に連れて来られる。亀津新漁港での島田氏のボランティアは、雨足が強い日、台風による風雨の強い日は中止になることもあるが、島田氏は漁港内でラッキーを見かけたら、一緒に散歩をするのも歓迎とのことだ。

本書は、事実に基づいたノンフィクションであるが、ラッキーが手術を受けた沖縄県沖縄市の動物病院、ラッキーの車いすを製作したメーカーなど関係各位については実名を伏せるかたちを取った。ご了解を願いたい。

本書をまとめるにあたり、島田須尚氏、小夜子氏の御夫妻、島田誠氏、あずさ氏の御夫妻、沖縄市の動物病院のスタッフの方々ら、そして、ラッキーには大変にお世話になった。心から感謝を申し上げる。

毎日新聞出版書籍本部編集長の永上敬氏には数々の御教示を賜った。

永上氏には前述の『ドリームボックス　殺されてゆくペットたち』、2011（平成23）年に復刻本として刊行した『闘牛』でも御指導を頂いた。引き続いての御指導に対して厚く御礼を述べさせて頂く次第である。

2017（平成29）年4月5日

小林照幸

小林照幸（こばやし・てるゆき）

１９６８（昭和43）年、長野県生まれ。ノンフィクション作家。明治薬科大学在学中の１９９２（平成４）年、奄美・沖縄に生息するハブの血清造りに心血を注いだ医学者を描いた『毒蛇』（ＴＢＳブリタニカ・文春文庫）で第１回開高健賞奨励賞を受賞。１９９９（平成11）年、終戦直後から佐渡でトキの保護に取り組んだ在野の人々を描いた『朱鷺の遺言』（中央公論新社・中公文庫・文春文庫）で第30回大宅壮一ノンフィクション賞を当時、同賞史上最年少で受賞。信州大学経済学部卒。明治薬科大学非常勤講師。著書に『ドリームボックス　殺されてゆくペットたち』『闘牛』『海人』（いずれも毎日新聞出版）、『神を描いた男・田中一村』（中央公論新社・中公文庫）、『死の虫　ツツガムシ病との闘い』（中央公論新社）、『死の貝』（文藝春秋）、『父は、特攻を命じた兵士だった　人間爆弾「桜花」とともに』（岩波書店）、『ひめゆり』『検疫官　ウイルスを水際で食い止める女医の物語』（ともに角川文庫）、『大相撲支度部屋　床山の見た横綱たち』（新潮文庫）、『パンデミック　感染爆発から生き残るために』（新潮新書）、『熟年性革命報告』『海洋危険生物　沖縄の浜辺から』（ともに文春新書）、『ボクたちに殺されるいのち』（河出書房新社）など多数。

※本書は書き下ろしです。

車いす犬ラッキー
捨てられた命と生きる

第1刷　2017年4月30日
第2刷　2018年4月15日
著者　小林照幸
発行所　毎日新聞出版
発行人　黒川昭良
〒102-0074
東京都千代田区九段南1-6-17　千代田会館5階
営業本部　03-6265-6941
図書第一編集部　03-6265-6745
印刷　三松堂
製本　大口製本
組版　明昌堂

  ISBN978-4-620-32445-6